L'élevage de volailles saines

par

Dr W. Malcolm Reid, Dr Gene M. Pesti
Dr Billy Hargis, Dr Randle Moore
Dr Pran Vohra, Dr William F. Dean
Dr M.A. Hammarlund

Christian Veterinary Mission

Une publication de la Christian Veterinary Mission

Current Book Information at:
www.cvm.org

courrier électronique: *vetbooks@cvm.org*

Toute demande doit être adressée à : vetbooks@cvm.org

ou

Christian Veterinary Mission
www.cvm.org

CETTE EDITION EST LA TROISIEME

Elle peut être améliorée grâce à votre concours. Si vous êtes vétérinaire, technicien, éleveur, missionnaire ou agent de développement, ayant des suggestions pour mieux adapter cet ouvrage aux besoins de votre population, écrivez nous, s'il vous plaît, à la Mission Vétérinaire Chrétienne, courrier électronique: *vetbooks@cvm.org*

Nous vous remercions de votre concours.

Depuis la première publication de cet ouvrage en Février 1990, l'auteur, W. Malcolm Reid, est décédé en Novembre 1990. Ce livre a été tellement bien accueilli que sa troisième édition et sa deuxième révision ont déjà été effectuées. L'œuvre de Malcolm continue donc d'être un livre efficace et pratique.

PRIERE

Notre Père des Cieux, nous Te remercions pour les dons de Malcolm Reid et sa volonté de partager ses dons avec Tes enfants du monde entier qui sont dans le besoin. Nous Te remercions pour l'aide que cet ouvrage apporte à de nombreuses personnes. Nous Te demandons de bénir cette œuvre ; qu'elle serve, de façon pratique, à aider tous ceux qui ont besoin d'être initiés à la production avicole. Nous prions aussi pour que ce livre montre l'espérance que nous avons placée en Ton Fils, Jésus Christ, en qui Malcolm avait mis sa foi. Amen.

Séries sur l'élevage d'animaux en bonne santé

Chaque année, des milliers de personnes à travers le monde se battent pour leur survie parce qu'ils n'ont ni les connaissances, ni les capacités, ni les ressources pour bien s'occuper de leurs animaux. La C.V.M. envoie des professionnels du milieu vétérinaire vivre et travailler parmi ces personnes, non seulement pour les encourager et leur fournir l'expertise vétérinaire dont elles ont besoin, mais aussi pour apporter l'espoir qui ne se trouve qu'en Christ. Les vétérinaires de la C.V.M. bâtissent des relations de longue durée avec les individus et leurs communautés, et les aident à être transformés par l'amour de Christ.

Lorsque la C.V.M. a commencé à travailler parmi les pays en voie de développement, elle s'est rapidement rendue compte qu'il y avait peu d'ouvrages éducatifs disponibles. Elle a donc édité des livres de connaissances de base sur l'élevage d'animaux pour les fermiers et les ouvriers agricoles. De toute évidence, ces livres ont répondu à de vrais besoins car ils ont été bien accueillis.

La série de livres éditée par la C.V.M. comprend, dans l'ordre de parution:

Raising Healthy Pigs *	Drugs and Their Usage
Raising Healthy Rabbits *	Where There Is No Animal Doctor
Raising Healthy Fish Raising	Healthy Horses
Raising Healthy Cattle	Zoonoses: Animal Diseases That Affect Humans
Raising Healthy Poultry *+	Raising Healthy Honey Bees
Raising Healthy Goats *	Slaughter and Preservation of Meat
Raising Healthy Sheep	Disease and Parasite Prevention in Farm Animals

[Disponible en : * espagnol, + français].

Des ouvriers de la C.V.M. ont également produit des livres de formation spécifiques aux pays dans lesquels ils travaillent.

Tous ces livres ont été produits par des hommes et femmes chrétiens ; une œuvre d'amour et de service pour ceux qui sont dans le besoin dans le monde. Cela démontre leur dévouement dans leur profession, leur service à l'humanité et leur témoignage de leur foi. Nous espérons que ces livres vous aideront à développer un programme approprié d'élevage selon vos besoins. Notre prière est que Dieu bénira leur usage.

Leroy DORMINY
Fondateur de la C.V.M.

TABLE DES MATIERES

Section 1

Introduction

De plus en plus de gens s'intéressent à l'aviculture préférentiellement à d'autres élevages. Ils peuvent commencer pour leur propre plaisir et pour leur seule alimentation, mais aussi pour en tirer quelque bénéfice. Cet ouvrage peut être considéré comme un document de départ sur l'essentiel à connaître en matière de production de volailles saines. Des suggestions sont faites pour passer à un élevage semi-industriel à petite échelle dans un contexte purement rural.

Comme le poulet est l'espèce domestique la plus répandue à la campagne comme à la ville, elle servira de modèle d'élevage, dont les conditions peuvent être adaptées, après quelques modifications, aux oies, canards, dindes, pintades, cailles et pigeons. Les principales différences entre le poulet et les autres espèces sont présentées dans la section 10.

Beaucoup d'éleveurs ont débuté avec quelques animaux de compagnie. Le bénéfice tiré, regardé au début comme de « l'argent de poche », peut nettement augmenter et conduire à des projets à l'échelle commerciale. Des espoirs de bénéfices importants peuvent tromper l'éleveur en l'entraînant vers une croissance trop rapide, si un programme précis n'a pas été élaboré au préalable.

Le meilleur conseil: « démarrer modestement la première année et laisser le succès dicter la suite du projet. Effectuer une comptabilité précise. ». Beaucoup d'échecs financiers sont survenus à la suite de tentatives trop audacieuses, en toute méconnaissance des prix de revient et de vente, des maladies ou de la situation du marché.

Ce livre peut donc aider ceux qui débutent un élevage à petite échelle en souhaitant passer progressivement à un élevage commercial. Les grands élevages relèvent d'une démarche beaucoup plus industrielle qui requiert des connaissances présentées dans des livres plus spécifiques.

Les possibilités offertes par les œufs, particulièrement les protéines d'œuf, pour résoudre la malnutrition des enfants est bien connue. Les enfants âgés de 1 à 3 ans sont les plus vulnérables aux carences protéiques. Des effets irréversibles peuvent être constatés du point de vue physique ou mental, ainsi qu'une plus grande sensibilité aux maladies. Les œufs peuvent donc améliorer la santé des enfants.

Section **2**

Sécurité de l'approvisionnement en animaux

Dans quel ordre commencer?

Les poulets sont, selon les besoins, achetés et déplacés vers de nouveaux lieux à 4 stades différents de leur vie.

1) Comme poussin d'un jour. C'est la méthode la plus répandue pour démarrer ou renouveler un cheptel. Avantages: comme le poussin se nourrit durant les premiers jours sur ses réserves vitellines (jaune non résorbé) il n'a pas besoin d'aliment ou d'eau avant de rejoindre son lieu d'élevage. Inconvénients: pendant le transport il y a des risques d'étouffement si la température est trop élevée ou trop basse. Bien que la température nécessaire au jeune poussin soit supérieure à celle dont l'homme a besoin, des groupes de 25 animaux peuvent produire assez de chaleur pour vivre confortablement dans un boîte en carton, du moment où un nombre suffisant de trous permettent la ventilation. L'abreuvement et l'alimentation deviennent nécessaires si la durée de transport dépasse 3 jours.

2) L'achat d'œufs à incuber issus de bons reproducteurs est une autre méthode de démarrage. Bien qu'ils soient fragiles s'ils sont mal transportés, les œufs sont moins sensibles à la température que des poussins nouveaux nés. L'éleveur doit simplement être prêt à remettre les œufs en incubateur dès leur arrivée. Ceux-ci ne doivent pas être conservés plus d'une semaine si la température est maintenue à l'optimum de 10°C (50°F).

L'incubation naturelle exige la possession d'une poule, dinde, cane ou autre femelle couveuse (voir Section 3). Alors que le nombre d'œufs accueillis par une poule ne peut dépasser 12 à 14, d'autres espèces supportent des nombres supérieurs. Pour de plus grands nombres, il faut recourir à des *incubateurs artificiels.* Avec cette méthode la réussite dépend des soins de l'opérateur. Si les œufs proviennent d'un élevage sain, il faut prendre garde à ne pas les contaminer par des œufs ou des poussins d'autres provenances. Le taux d'éclosion dépend de: la fertilité, la nutrition des parents, la qualité de la coquille, l'origine génétique des parents, les conditions de conservation des œufs (en particulier la température).

3) L'achat de poussins démarrés, âgés de 3 semaines ou plus, évite au débutant des tâches délicates et des équipements nécessaires au *démarrage des poussins.* C'est à dire le chauffage, l'apprentissage à boire et manger et les vaccinations.

4) L'achat de poulettes prêtes à pondre, âgées d'environ 20 semaines, soulage l'éleveur de nombreuses tâches. Avantages: tous les mâles ainsi que les femelles de mauvaise qualité sont éliminés avant l'achat. Les mâles peuvent également être éliminés dès l'éclosion par sexage ou après quelques semaines d'élevage d'après certains gènes d'emplumement. Les vaccinations et autres traitements sanitaires préventifs peuvent avoir déjà été réalisés. Inconvénients: les animaux coûtent souvent plus cher, du fait de ces avantages.

Section 3

Types d'animaux et pratique de la reproduction

Les éleveurs de volailles choisissent généralement entre trois types d'animaux:

Les races à double fin sont élevées pour produire à la fois des œufs et de la viande. La plupart des jeunes mâles sont sacrifiés vers l'âge de 2 à 3 mois, tandis que les femelles sont conservées pour la production d'œufs pendant environ 12 mois. Celles-ci sont d'ailleurs utilisées comme volailles de chair à la fin de leur période de ponte. Les races à double fin sont souvent choisies pour des élevages de basse-cour familiale, tandis que les élevages plus commerciaux préfèrent les types génétiques spécialisés. Une lignée développée pour un élevage à double fin est la « *Triple production Reds* » (roux à triple fin), sélectionnée par le Dr. John P. Bishop de 11806b State Route 347, Marysville, OH 43040 USA (téléphone 513/348-2344; e-mail: *kbis@netexp.net*). Cette lignée à œufs bruns peut couver et élever ses poussins.

Les races de ponte ont été sélectionnées pour leur intensité de ponte. Les mâles sont souvent éliminés à l'éclosion après sexage, car leur capacité de croissance est très inférieure à celles de races ou croisements de poulet de chair. En fin de ponte, lorsque l'intensité de ponte devient inférieure à 50%, les femelles peuvent être commercialisées pour la consommation. Leur prix de vente est modeste à cause de leur petite taille.

Les poulets de chair, souvent nommés « *broilers* » ou « *fryers* », sont issus de parents sélectionnés pour une vitesse de croissance importante. Les deux sexes sont élevés. Ces animaux, issus de croisement, produisent des poulets pesant environ 2 kilos (4,4 livres) à l'âge de 7 semaines après avoir consommé moins de 4 kilos (8,8 livres) d'un aliment bien équilibré.

Les compagnies spécialisées dans la sélection avicole ont mis au point des croisements adaptés à ces 3 types d'animaux. Elles utilisent des techniques de croisement conduisant à la production de « *hybrides* ». Ces croisements reposent sur le principe d'une excellente combinaison des gènes de ponte ou de croissance des 2 lignées parentales. Cette nouvelle combinaison des meilleurs gènes des 2 parents, donnant des animaux supérieurs aux 2 parents, est attribuée à la « *vigueur hybride* ». Ces « hybrides » sont maintenant très connus des éleveurs modernes qui ont abandonné les races à double fin, telles que les Rhode Island Red, les New Hampshire, les Cornish ou les Plymouth Rock. Les lignées modernes de pondeuses issues de Leghorn blanche produisent des œufs à coquille blanche, tandis que celles donnant des œufs à coquille brune ou teintée ont des origines multiples à base d'ancêtres Leghorn ou Rhode Island Red.

Ces compagnies de sélection ont besoin de nombreuses années de sélection pour tester de multiples lignées et générations. Quelques unes des lignées consanguines ou synthétiques, qui présentent les meilleures combinaisons du point de vue des performances, sont alors retenues pour la production d'hybrides; elles deviennent des lignées « grand parentales ». Les lignées mâles et femelles sont distinctes et vendues séparément aux multiplicateurs pour fournir les troupeaux de reproducteurs. Tous les œufs à incuber proviennent de tels reproducteurs.

Les éleveurs produisant et vendant ces hybrides ont dû au préalable payer à un prix élevé les reproducteurs. Le prix du poussin hybride, supérieur à celui d'un poussin non sélectionné, est largement compensé par ses meilleures performances si on tient compte des quantités d'aliment consommées. Malheureusement la « vigueur hybride » disparaît rapidement si on croise les hybrides entre eux. Il est donc nécessaire de renouveler les hybrides à chaque changement de troupeau.

Les noms des hybrides sont maintenant bien connus au niveau mondial. Les hybrides pour la production du poulet de chair portent souvent le nom de la firme d'origine: Arbor Acres, Cobb, H & N, Hubbard, Indian River, Peterson, Pilch, Ross, Shaver, Vantress et VedetteISA. Quelques lignées de pondeuses ont été produites par Babcock, Hyline, DeKalb, Hisex, et Tatum. Les noms de races ou croisements à doubles fins comprennent: DeKalb-Warren 6-Sal-Link (USA), Hardy sex-linked (USA), Kabir (Israël), Label (France), Nera sex-linked (Japon), Parks Hybrids et Stino's White Baladi (Egypte).

Ces races à doubles fins sont souvent préférées dans les pays où les poules couveuses sont utilisées pour couver et élever les poussins. On a souvent débattu de l'intérêt relatif des souches locales vis à vis des hybrides issus de firmes spécialisées. Les avantages des souches locales résident dans leur meilleure rusticité héritée d'un contact permanent avec des conditions naturelles, et dans la préférence des consommateurs locaux en raison du goût ou de la fermeté de la chair. Les différences de goût peuvent provenir des aliments consommés tels que l'ail, les insectes, les herbes ou le fumier. De plus, les animaux à croissance lente sont plus fermes. En outre, la fierté locale a sans doute influencé aussi les décisions locales. Cependant les hybrides importés et indemnes de maladies ont une meilleure croissance, une meilleure ponte et une efficacité nutritionnelle supérieure. La consanguinité de beaucoup de souches locales explique également leurs performances médiocres.

En introduisant des animaux très sélectionnés et en les croisant avec des souches locales, quelques uns des avantages de la « vigueur hybride » peuvent être retrouvés à peu de frais et utilisés dans des programmes de village où les producteurs demeurent dépendants de la reproduction naturelle. Un heureux mariage d'une ponte ou d'une vitesse de croissance améliorées avec des résistances aux conditions locales peut être ainsi atteint. Il s'agit alors d'éliminer les mâles des souches locales et de les remplacer par des mâles de lignées importées et très productives. De tels programmes ont permis d'augmenter la ponte et parfois les performances de croissance en Egypte, au Ghana et en Inde. Les mâles importés coûtent peu cher et ils sont souvent éliminés dans les couvoirs.

Section 4

Les locaux d'élevage et leur équipement

A. La claustration des animaux est considérée comme indispensable pour protéger les animaux des prédateurs, de la pluie, du vent et des températures extrêmes. Bien que l'ancêtre du poulet actuel ait l'habitude de se percher dans les arbres pour la nuit, la mortalité est élevée. Les attaques nocturnes par les chiens, les chats, les rats, les hiboux et autres prédateurs peuvent faire disparaître même les adultes. Un abri de protection est donc souhaitable (Fig. 1-4). S'il est bien construit et entretenu, le bâtiment d'élevage peut aussi protéger des maladies et des parasites. Des poulaillers corrects ont été construits à partir de bois, de pierre, de béton, de briques, de bambous ou de tôles métalliques. Les matériaux et la conception peuvent varier d'un lieu à l'autre; des plans détaillés peuvent seulement être assurés par des spécialistes locaux. Quelques points essentiels doivent toutefois être respectés.

Fig. 1. Elevage en liberté

Fig. 2. Abri nocturne pour élevage en semi-liberté

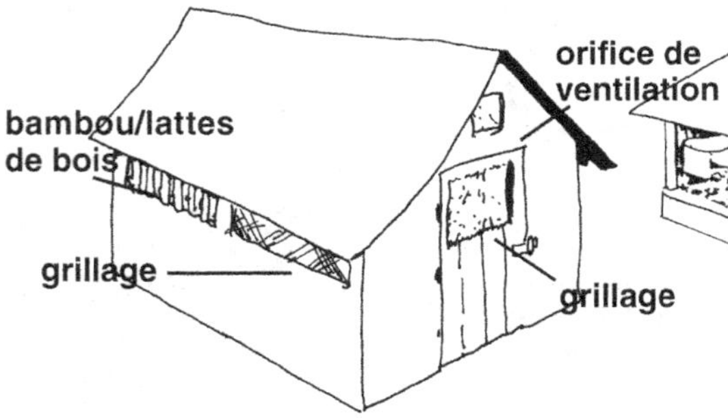

Fig. 3. Petit poulailler

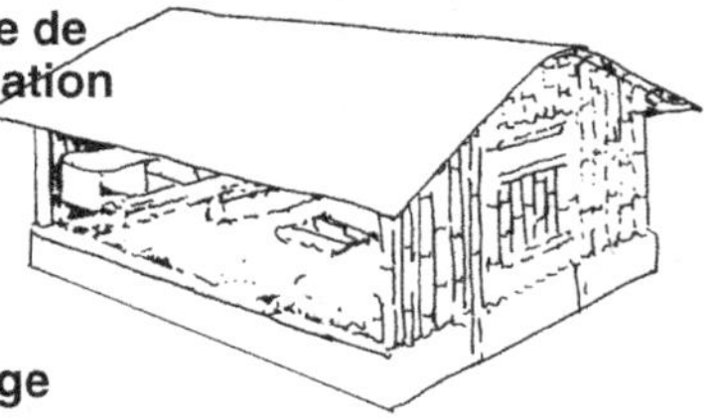

Fig. 4. Poulailler sur litière pour élevage en claustration

Emplacement. Le bâtiment doit être correctement orienté de façon à: 1) protéger du vent tout en assurant une bonne ventilation, 2) empêcher l'excès d'ensoleillement, 3) assurer un bon drainage du sol pour éviter les litières humides. En climat chaud l'ombrage et le toit doivent être pris en considération. En hémisphère nord les fenêtres sont souvent orientées de façon à laisser une exposition au sud. Si la construction se fait dans une vallée profonde, la circulation d'air peut être insuffisante. Des odeurs gênantes ou le développement de mouches dans les poulaillers ont quelquefois forcé les unités avicoles à quitter la proximité de ville.

Contrôle de température. Les températures extrêmes par temps chaud ou par temps froid créent des conditions stressantes dans les poulaillers. La surchauffe de l'eau d'abreuvement peut être dangereuse. Inversement le gel des abreuvoirs conduit également à des problèmes. Des experts locaux peuvent donc être utiles pour la conception du bâtiment.

Ventilation. Le mouvement de l'air dans le bâtiment est nécessaire pour éviter les étouffements (Fig.3). Les poulets ont besoin de plus d'eau fraîche par unité de poids que les autres animaux d'élevage. Des côtés largement ouverts ou des fenêtres sont indispensables en climat chaud. Le mouvement de l'air ne doit pas être arrêté par des buissons ou d'autres bâtiments. Des ventilateurs peuvent être nécessaires dans les grands bâtiments.

Isolation. La santé des animaux est souvent améliorée grâce à des toits ou des murs de côté isolés du froid comme de la chaleur. Des avis sur les matériaux doivent être recueillis localement avant d'entreprendre la construction.

Contrôle de l'humidité. Les volailles consomment de grandes quantités d'eau. Les poules peuvent avoir besoin de plus d'un litre d'eau par jour et par tête. En climats humides, l'humidité des fientes peut entraîner des problèmes sanitaires. Un drainage correct du sol peut beaucoup améliorer les conditions d'élevage. Quelquefois on a recours à des sols en caillebotis ou en grillage.

Espace. Des animaux trop tassés ne sont pas heureux et produisent moins bien. En climat tempéré, un besoin minimum d'espace est nécessaire: 15 animaux par mètre carré jusqu'à l'âge de 6 semaines, 5 animaux par mètre carré jusqu'à 16 semaines et 3 à 4 sujets par mètre carré pour les adultes. Des températures élevées, un excès d'humidité ou des litières humides augmentent le besoin d'espace. Les pondeuses ont besoin de plus de place par unité de poids.

Charpente. Les disponibilités et les habitudes locales déterminent le type de charpente. Des piliers intérieurs peuvent être nécessaires pour supporter la charpente et le toit et lui permettre de résister à la neige et au vent. Un renforcement est nécessaire autour des portes et des fenêtres et si le toit est couvert de tuiles.

Toit. Il doit être entièrement imperméable à la pluie. Le chaume, les tôles métalliques, les tuiles, le shingle ou le bois peuvent être utilisés. Un dépassement du toit de 1 mètre au Sud (hémisphère nord) permet de l'ombre en été mais laisse entrer la lumière solaire en hiver. Selon la latitude, ce débordement peut atteindre des longueurs différentes.

Sol. Bien que le béton armé est utile pour empêcher les rats d'entrer, beaucoup de poulaillers ont un sol en terre ou en argile pour faire des économies. On doit prévoir un bon drainage. Les types de sol varient selon le type d'aménagement, qui incluent la litière profonde, les caillebotis ou le grillage. Il faut prévoir un système de nettoyage et d'évacuation des fientes.

Protection contre les animaux et les oiseaux. La protection la nuit contre les chiens, les chats, les rats, les belettes, les hiboux et, le jour, contre les faucons, les aigles et les autres bêtes sauvages doit être envisagée. Le grillage est souvent utilisé. Si l'accès à un parcours extérieur est prévu pendant le jour, une protection renforcée doit être assurée pour la nuit.

B. Abreuvoirs. Quel que soit leur âge les poulets doivent toujours disposer d'eau propre et fraîche. Ils boivent toutes les 15 à 20 minutes. Le soigneur doit s'assurer que l'approvisionnement en eau est satisfait. Des abreuvoirs adaptés à chaque âge sont présentés en illustration (Fig.5). Le plus simple d'entre eux est une boîte de conserve retournée sur une assiette (Fig.6). Percer un trou à 1,5 cm (0,5 inch) environ du

ABREUVOIRS

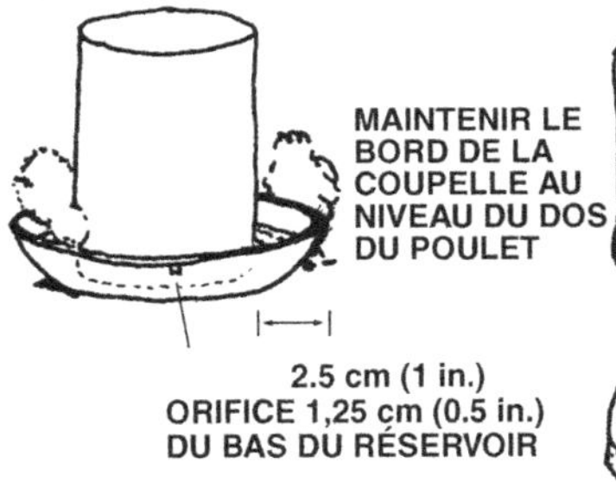

Fig. 5. Abreuvoir pour poussins

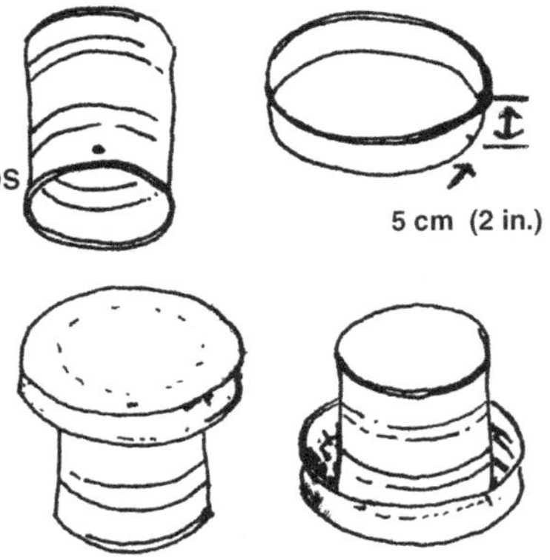

Fig. 6. Différentes parties de l'abreuvoir

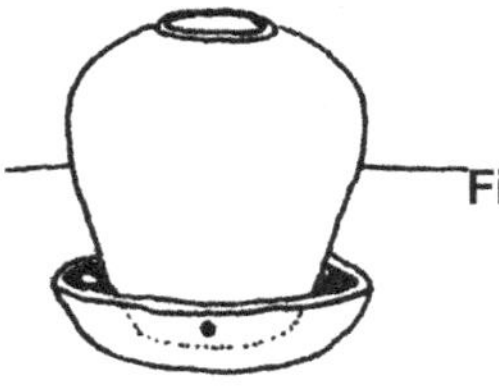

Fig. 7. Abreuvoir en terre

Fig. 8. Abreuvoir à bouteille

Fig. 9. Abreuvoir à gourde

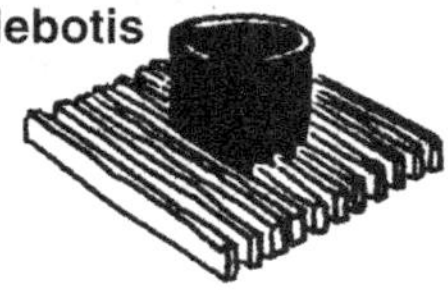

Fig. 10. Support d'abreuvoir en caillebotis

Fig. 11. Disposition de l'abreuvoir pour garder la litière sèche

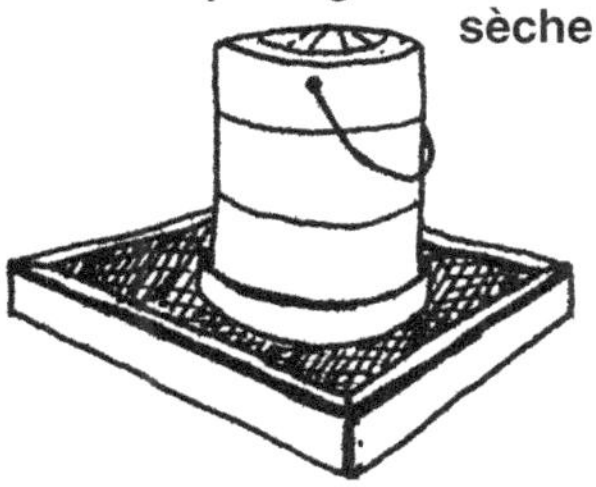

Fig. 12. Abreuvoir automatique

côté ouvert de la boîte. Remplir celle-ci d'eau et la recouvrir de l'assiette. Retourner rapidement l'ensemble en le maintenant bien en contact. Le trou réglera le niveau de l'eau dans l'assiette. De petites boîtes peuvent être prévues pour les très jeunes poussins; mais rapidement il faut passer à de plus grosses boîtes quand les animaux grandissent. D'autres abreuvoirs sont envisageables à base de pots de terre cuite et d'assiette peu profonde avec un trou ou une rainure sur la lèvre (Fig. 7). Une bouteille démontable fixée au mur ou une boîte de conserve peuvent être réglées à une hauteur adaptée au dessus d'un plat (Fig. 8). Une gourde enfoncée dans le sol pour être stable dispose de trous sur les côtés (Fig. 9). Différents systèmes automatiques ont été inventés afin d'éviter de remplir les abreuvoirs trop souvent (Fig. 12). En illustration nous en présentons un système construit à partir d'un bidon d'huile de 50 gallons (250 litres) réuni à une gouttière métallique de 10 cm (4 inch) de hauteur. Le flux d'entrée d'eau dans la gouttière est ajusté par un robinet et un tuyau de trop plein se déversant à l'extérieur. La gouttière doit être protégée à sa partie supérieure par une barre métallique tournant sur elle-même, pour que les oiseaux ne puissent s'y percher. Tous les abreuvoirs ont besoin d'être contrôlés fréquemment afin de voir s'ils sont régulièrement alimentés et s'ils ne débordent pas sur la litière. Pour maintenir la litière sèche, sous chaque abreuvoir on dispose un panneau plat entre des caillebotis (Fig.10) ou suspendu sur une plate-forme en grillage 9 cm au dessus de la litière (Fig. 11). Des moisissures se développent dans les abreuvoirs s'ils ne sont pas régulièrement entretenus; cela ne devrait pas survenir. Une brosse fixée au bout d'un manche peut servir au nettoyage. Les abreuvoirs exigent des lavages périodiques. Certains suggèrent de le faire chaque jour.

C. Nourrisseurs. La fourniture en permanence d'aliment aux poulets est l'une des tâches majeures de l'éleveur. Des nourrisseurs de type auge munie de lèvres qui dépassent des deux côtés peuvent être construits en bois, en métal ou en bambou (Fig. 13-20). Il faut une longueur suffisante d'auge pour que tous les poulets puissent se nourrir ensemble. Sinon les animaux timides risquent de jeûner jusqu'à en mourir alors

MANGEOIRES

Fig. 13. Mangeoire pour poussin

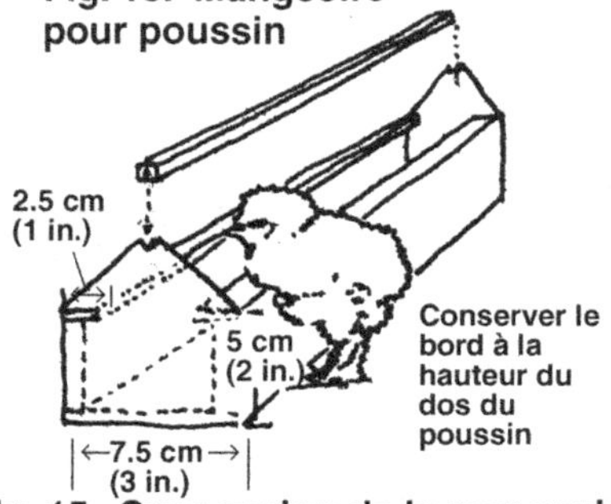

Fig. 14. Mangeoire pour poulet

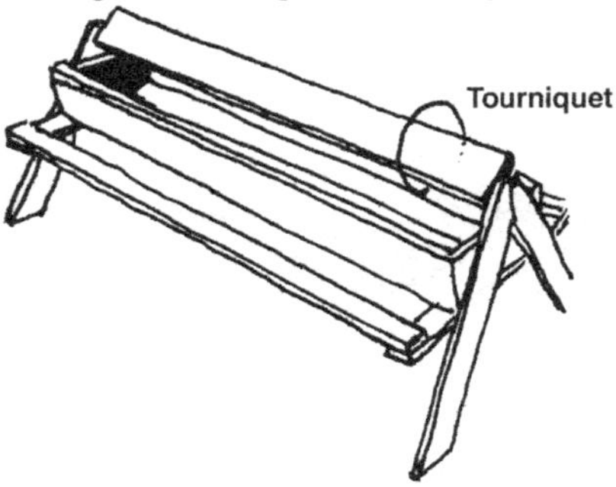

Fig. 15. Suspension de la mangeoire

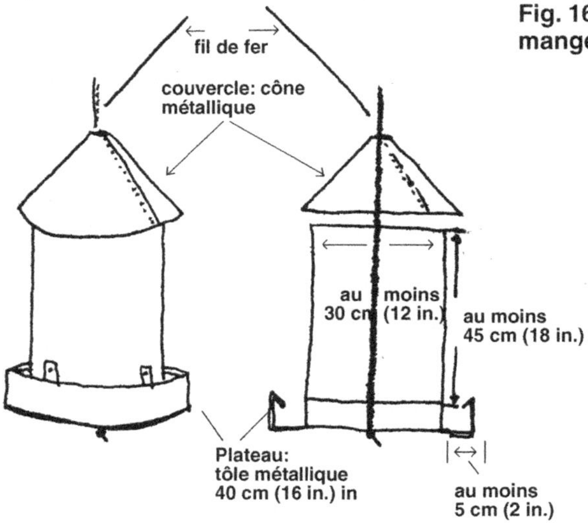

Fig. 16, 17, 18. Rebord de mangeoire

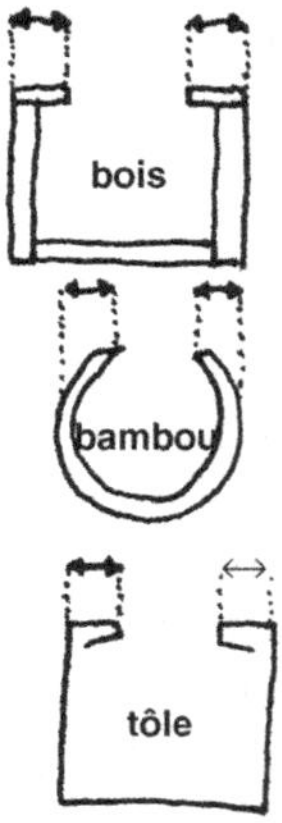

Fig. 19. Suspension de mangeoire

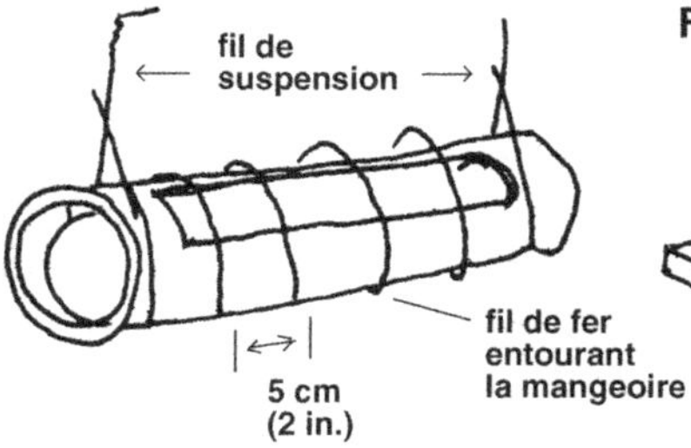

Fig. 20. Mangeoire fixe en bambou

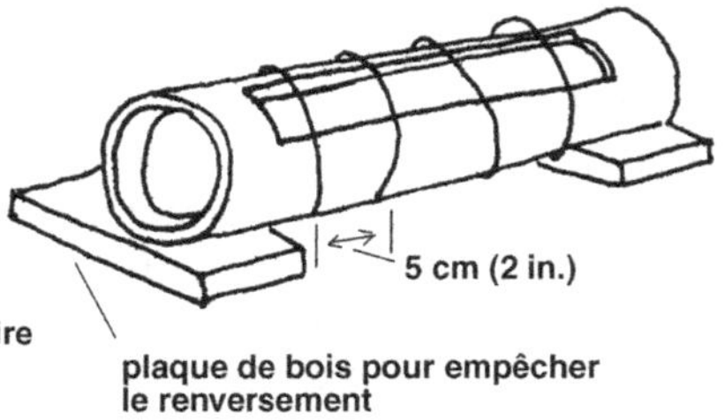

Dessins réalisés par Erik

que d'autres manifestent du cannibalisme. Voir dans la Fig 12A (tirée de Pingel (1981) Kleintiere richtig füttern). Pour éviter le gaspillage la hauteur du nourrisseur doit être régulièrement adaptée à la taille des oiseaux. Les poulets et les poules doivent exercer le minimum de dépense énergétique pour se nourrir.

D. Cages. Des artisans peuvent fabriquer des cages s'ils disposent de grille à mailles soudées dont le fil est d'au moins 2 mm (1/8 inch) de diamètre. Une pièce de 3,66 m x 1,5 m (12 x 5 ft.) permet la construction de 3 cages collectives ou de 16 cages doubles (Figs. 21 et 22). Quatre séparations et des cloisons terminales découpées en 40 x 45 cm (16 x 18 inch) suffiront pour fabriquer 3 cages collectives ou 17 pour 16 cages doubles de 22,8 cm (9 inch) de large. Un fil de fer flexible est employé pour fixer les parois au reste de la cage. La façade est faite de grillage avec des ouvertures plus larges (5 x 10 cm, 2 x 4 inch). Les portes peuvent être découpées comme indiqué dans la Fig. 23. Les planchers doivent présenter une légère pente de 7,6 cm (3 inch) afin que les œufs puissent descendre en roulant vers l'avant de la cage où une gouttière de 5 cm (2 inch) les recueille et permet un ramassage facile (Fig. 26). Des bambous ou des caillebotis peuvent remplacer le grillage (Figs 24, 25). Les mangeoires et les abreuvoirs en métal ou en bambou sont suspendus devant la cage. Un espacement est indispensable pour éviter le gaspillage d'eau et d'aliment. Les cages doubles accueillent 2 pondeuses tandis que les cages collectives permettent d'en loger 6, si elles ont été débecquées.

Un système de double suspension est présenté dans la Fig. 27. Une inclinaison de 7,6 cm (3 inch) du plancher est nécessaire pour permettre aux œufs de rouler sans se casser (Fig. 26).

L' « enclos pour poulet », Fig. 27B, est une adaptation des vieilles pratiques de déplacement des animaux d'un lieu vers un autre où de la nourriture fraîche est disponible et où les fientes peuvent fertiliser le sol. Un intérêt supplémentaire est lié au piétinement du sol par les animaux, favorisant l'incorporation des éléments fertilisants. Les poulets en enclos reçoivent de l'aliment et de l'eau pendant quelques semaines avant que l'enclos soit déplacé vers un nouvel emplacement.

Les emplacements ayant été occupés peuvent devenir un lieu idéal de culture maraîchère. Un bon équilibre doit être trouvé entre le nombre et le poids des animaux et la taille de l'enclos et la durée de séjour. Les plantes ont besoin d'azote; toutefois un excès d'azote peut les tuer. Mieux vaut une insuffisance d'engrais qu'un excès, car il est toujours possible d'apporter un complément de fumure. L'enclos pour poulet a été utilisé avec succès dans le projet international Heifer, P.O. box. 808, Little Rock,AR 72203 (téléphone 1-800-422-0474) (conduit par Cindy

FABRICATION DE CAGES

Fig. 21. Emplacement des abreuvoirs et des mangeoires

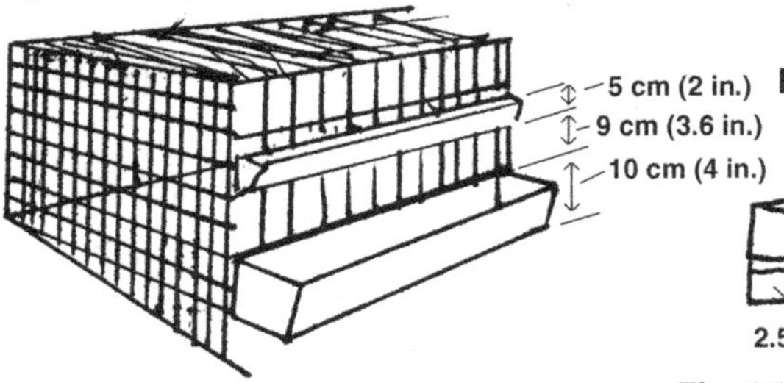

Fig. 24. Planchers en caillebotis

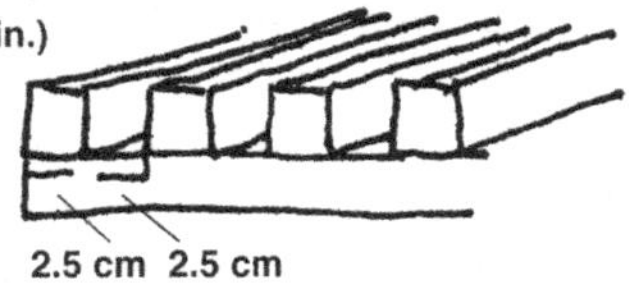

Fig. 25. Planchers en bambou

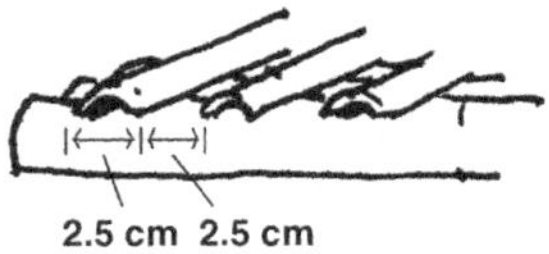

Fig. 22. Forme de cage en grillage

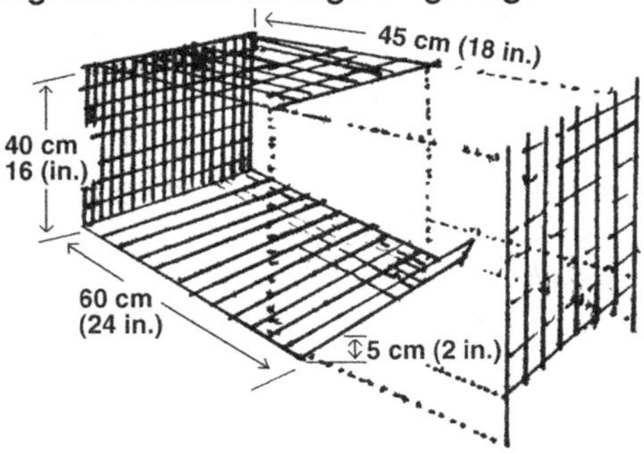

Fig. 26. Plancher en pente pour la récupération des œufs

Fig. 23. Façade de cage et porte coulissante

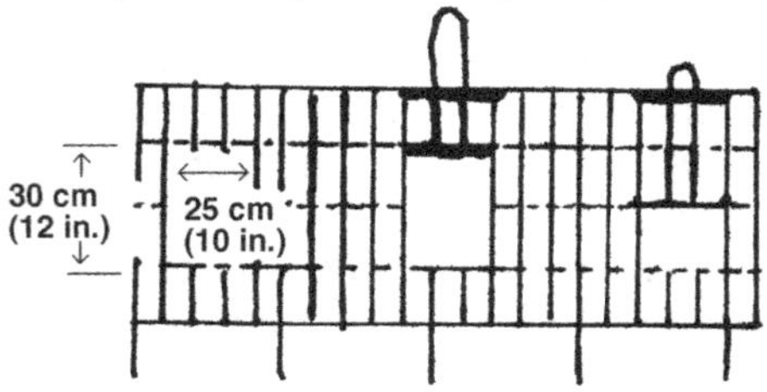

Fig. 27A. Suspension de 4 cages fixées au plafond

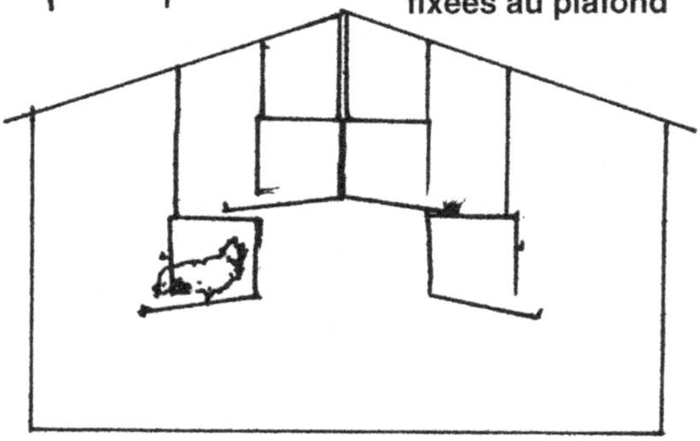

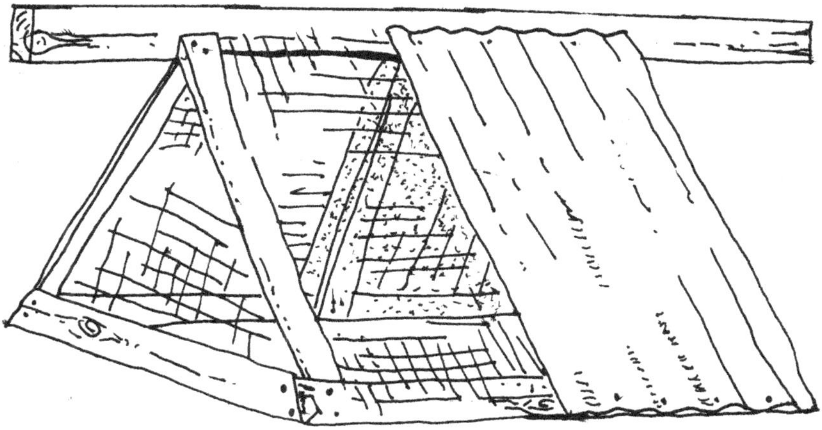

Fig. 27B. Cage d'élevage pour poulet

King, Heifer Project International). Beaucoup d'espoirs peuvent être placés dans ce type d'élevage, quelques poulets pouvant fertiliser significativement le sol. En enfermant quelques animaux pendant 6 à 8 semaines avec de l'eau et de l'aliment, on peut déplacer l'enclos et recueillir ensuite des légumes. On peut répéter le cycle.

Section 5

Entretien des animaux

A. Incubation et éclosion. Les nouveaux éleveurs doivent choisir entre l'incubation naturelle ou artificielle. L'incubation naturelle avec des poules couveuses ou d'autres femelles couveuses nécessite peu de soins. Cependant cela limite fortement le nombre de poussins que l'on peut produire; de plus cette technique risque de faciliter la transmission des maladies qui sont mieux contrôlées par l'incubation artificielle. La plupart des producteurs avicoles sont entrés en contact avec des couvoirs qui ont développé des méthodes d'incubation artificielle sur de grands effectifs d'animaux.

Des incubateurs fabriqués chez soi sont encore utilisés pour des troupeaux de petite taille là où des couvoirs industriels n'existent pas. Si on dispose facilement d'électricité et de pétrole, ce type d'incubateur est bon marché et adapté à un faible nombre d'œufs (Fig.28). Pour les œufs de poule l'incubateur doit disposer d'un thermostat (Fig. 29) qui doit être réglé de façon à maintenir la température à 37,5°C (99,5°F) qui est très proche de la température de l'incubation naturelle. L'humidité relative doit être contrôlée entre 50 et 65% en utilisant des bacs à eau et en réglant le passage d'air. Les poussins commencent à éclore à l'âge de 21 jours et sont souvent plus vigoureux si on ne les aide pas à naître. Souvent les poussins que l'on a aidés lors de l'éclosion s'avèrent plus faibles que les autres et survivent moins bien. Un petit incubateur à ventilation statique d'une capacité de 50 œufs peut être construit en utilisant une lampe électrique et un régulateur de température par thermostat. Les œufs doivent être retournés d'arrière en avant 4 fois par jour pendant la première semaine d'incubation. Marquer chaque œuf par une croix pour s'assurer que l'œuf a bien été tourné et n'est pas revenu à sa position initiale.

Fig. 28. Incubateur artisanal

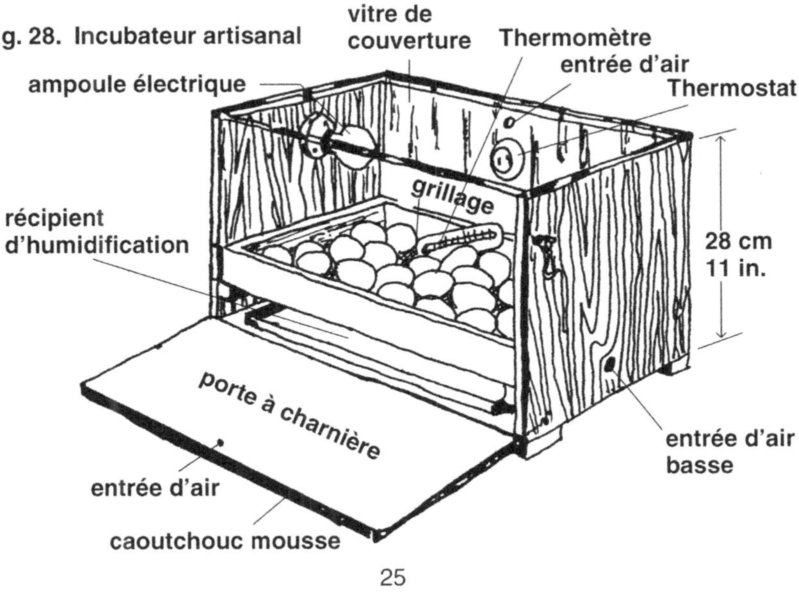

Fig. 29. Thermostat à pression

Fig. 30. Appareil à mirer

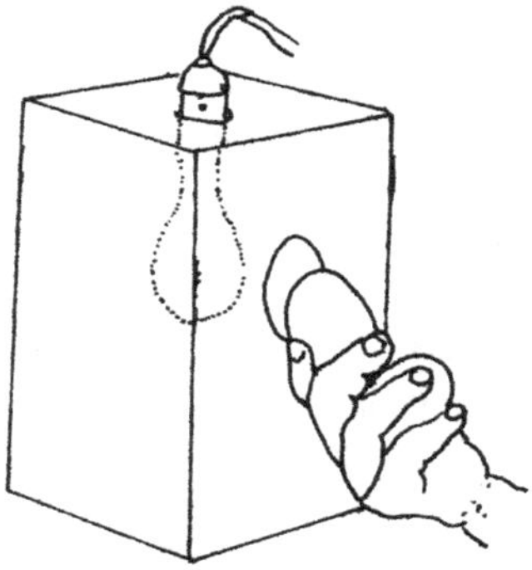

Fig. 31. Taille de la chambre à air après 7, 14, 18 jours d'incubation

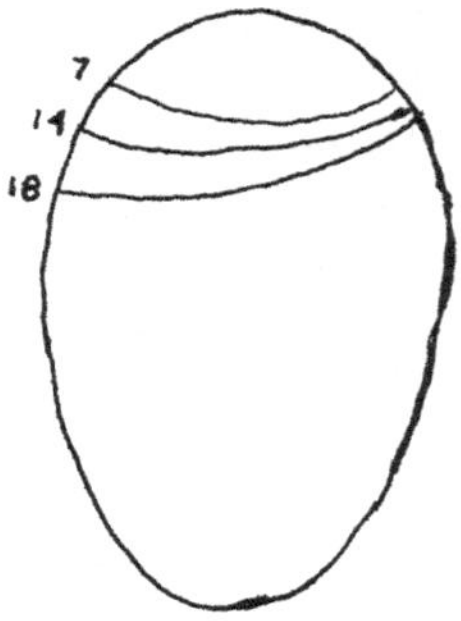

Comme des accidents surviennent de temps en temps, les éleveurs font appel de plus en plus à des couvoirs commerciaux qui utilisent de gros incubateurs à air pulsé. Ceux-ci sont équipés de système de rotation automatique. La température est maintenue entre 37,5 et 37,6°C, et l'humidité est contrôlée entre 50 et 60%. Vers le 19 ou le 20ème jour la température doit être abaissée entre 36,1 et 37,2°C accompagnée d'une augmentation de l'humidité relative vers 75% lors de l'éclosion. Ces recommandations dépendent du type d'incubateur et de la taille des œufs; il faut donc faire attention aux conseils des constructeurs. Si le courant électrique vient à être interrompu, un système de relais automatique (groupe électrogène) doit être prévu. Chaque appareil doit être approvisionné par de l'air filtré pour éviter les contaminations bactériennes. Les œufs sont transférés de l'incubateur vers l'éclosoir le 18ème jour. Une bonne entreprise d'incubation doit contrôler l'état sanitaire des troupeaux de reproducteurs d'où viennent les œufs, afin d'empêcher l'introduction de maladies dans le couvoir. Les maladies transmises par les couvoirs ont été fréquentes et très graves dans le passé. La vieille habitude d'accepter des œufs de diverses provenances non contrôlées doit donc être bannie. Un lavage complet et une désinfection des appareils sont essentiels au bon état sanitaire. Des services complémentaires de vaccination, de débecquage et de sexage peuvent être assurés au couvoir, de même que la surveillance de l'état sanitaire des troupeaux de reproducteurs afin d'éviter la contamination par la *pullorose* ou par les *Mycoplasmes*. La plupart des poussins nouvellement éclos sont directement livrés aux éleveurs dès la naissance. Quelques couvoirs peuvent vendre des poussins démarrés ou des poulettes prêtes à pondre.

B. Mirage des oeufs. Le développement de l'embryon durant l'incubation peut être suivi par mirage des œufs, en tournant l'œuf dans un rayon lumineux. Un mireur simple peut être confectionné en perçant un trou de 3 cm (1-1/8 inch) dans une boîte de conserve ou toute autre boîte renfermant une lampe de 15 à 50 watts (Fig. 30). Une ampoule électrique ou un fin rayon solaire dans une pièce sombre peut aussi être une solution. Le rétrécissement normal de la chambre à air peut être observé pendant l'incubation (Fig. 31). Si cette chambre est supérieure à 1 ¼ cm (1/2 inch), l'œuf est probablement abîmé.

Les œufs infertiles (ceux à coquille blanche seulement) peuvent être détectés après 4 à 5 jours d'incubation. Il faut 2 à 3 jours de plus pour les œufs à coquille brune. Si l'on distingue bien des vaisseaux sanguins émergeant d'un tâche rouge sombre, l'œuf est fertile et l'embryon se développe. Si le jaune et le blanc sont clairs, l'œuf est encore sain, bien que dans certains pays leur vente soit interdite. On peut aussi mirer les œufs vers 18 jours, avant leur transfert en éclosoir. Les œufs infertiles restent clairs; les œufs contaminés sont détectés par un embryon sombre à l'intérieur et l'absence de chambre à air. Dans quelques pays des œufs ayant subi 12 à 14 jours d'incubation sont utilisés comme œufs embryonnés ou « baluts » et ils doivent être réfrigérés.

C. Elevage. Si les poussins proviennent d'un incubateur artificiel, l'éleveur doit assurer la tâche de la mère poule comme « meneuse ». C'est une tâche très importante au tout début de la vie des poussins. Une surveillance attentive des animaux lors de ces premiers jours détermine la réussite ou l'échec de l'élevage. Dans de nombreux pays les femmes manifestent un instinct maternel adapté à cette tâche. Trois choses doivent être surveillées: la température, l'eau et l'alimentation. La chaleur peut provenir de l'électricité (Fig. 32-33), du fioule (Fig. 37), du gaz (Fig. 34), du charbon (Fig. 35), du bois, du soleil ou de la paille. Il faut surveiller la température 24 heures avant la venue des animaux. La vieille règle de 35°C (95°F) pour la première semaine et une décroissance de 2,8°C (5°F) chaque semaine est à respecter. Les souches léthargiques nécessitent plus de chaleur que celles qui sont congénitalement actives. C'est pourquoi certains spécialistes recommandent une température de démarrage de 30 à 35°C selon les types génétiques. Un gradiant de température doit être créé dans le local pour que les animaux puissent choisir la température qui leur convienne le mieux. Une couveuse aménagée par une boîte retournée vers le bas avec une ampoule placée à environ 20 cm (8 inch) du sol sert de façon satisfaisante de couveuse pour 50 poussins (Fig. 32). Un espace fermé sous de la couveuse peut permettre de sortir hors de la couveuse en traversant un tissu de protection. Une lampe à infra-rouges suspendue 45 cm (18 inch) au dessus du sol constitue une bonne source de chaleur pour de petits effectifs d'animaux (Fig. 33). Un capot conique, fait à partir d'une tôle métallique, peut être aussi suspendu ou posé sur quelques briques,

TYPES D'ELEVEUSES

Fig. 32. Eleveuse à ampoule

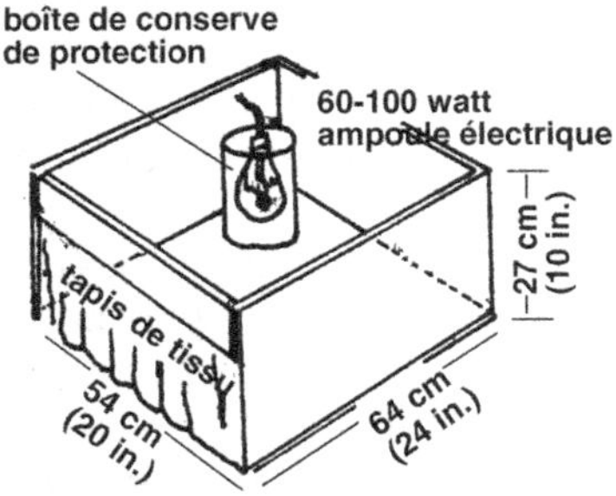

Fig. 33. Eleveuse à infra rouges

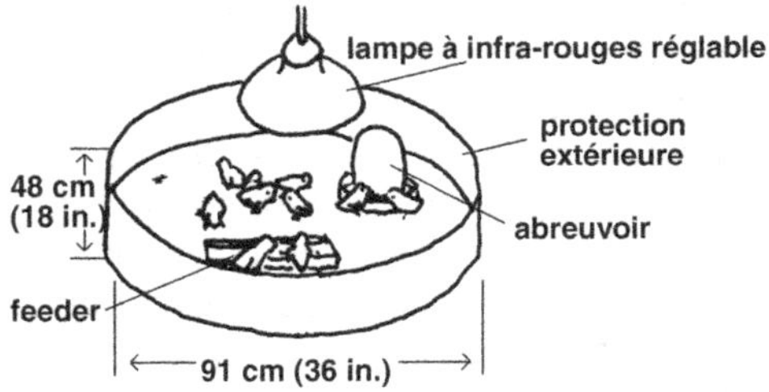

Fig. 34. Eleveuse à gaz avec son capot

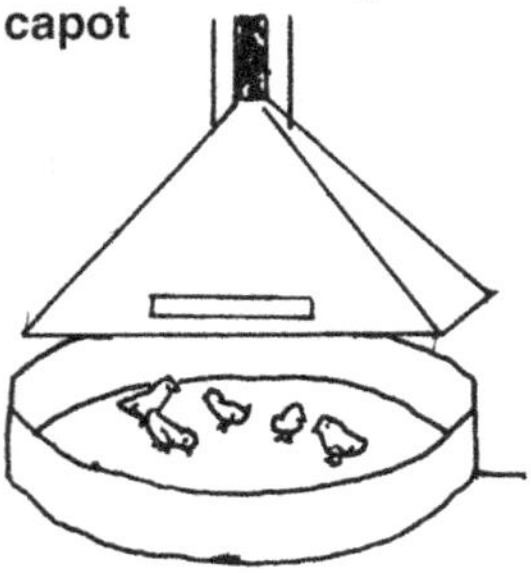

Fig. 35. Bidon d'huile transformé en poêle

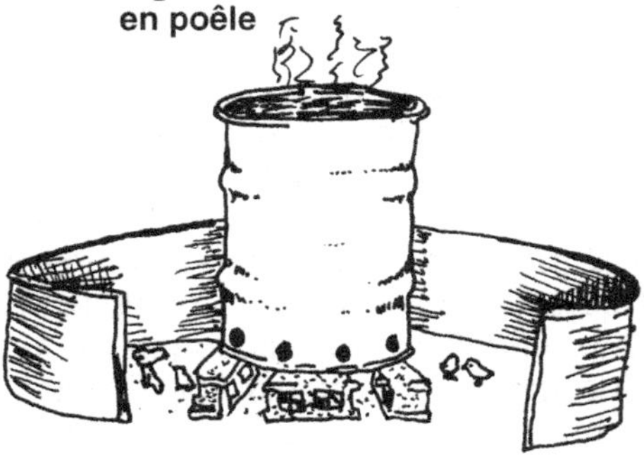

Fig. 37. Eleveuse au kérosène

Fig. 36. Panier éleveuse

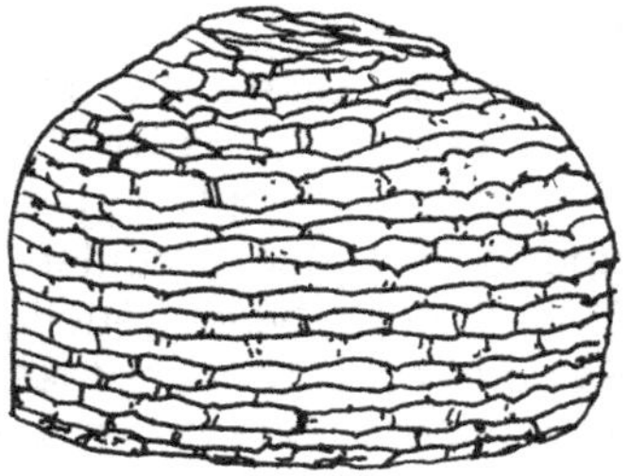

le bord étant situé à 10 ou 12 cm du sol. Des panniers-couveuses peuvent être construits et équipés d'un lampe à pétrole soutenue par des briques comme source de chaleur

Pendant la première semaine un espace circulaire matérialisé par une petite enceinte en carton, métal ,briques, bois maintiendra les poussins proches de la source de chaleur. Cette enceinte est placée derrière le bord de la couveuse mais doit éviter aux poussins de s'éloigner trop loin de la source de chaleur (Fig. 33-35). Un éleveur expérimenté et observateur suivra le comportement des animaux pour régler la bonne température (Fig. 38-41). Les personnes moins habituées utiliseront un thermomètre et feront des enregistrements fréquents au niveau du dos des poussins.

Si les poussins se regroupent et se tassent en donnant des cris d'inconfort, il faudra augmenter la source de chaleur. Si, au contraire, les animaux se dispersent loin de la source de chaleur il faut réduire le chauffage (Fig. 40). Il faut bien surveiller les poussins parce que les changements de température extérieure modifient le besoin de chaleur à apporter.

CONDUITE DES ELEVEUSES

Fig. 38.
Poussins ayant froid. Abaisser la lampe.

Fig. 39.
Tout est correct.

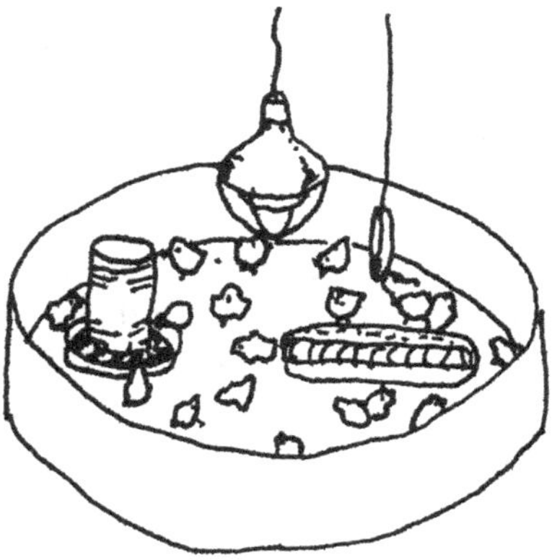

Fig. 40.
Poussins ayant trop chaud.
Relever la lampe.

Fig. 41.
Courant d'air froid. Supprimer le.

Fig. 42. **Emplacement des mangeoires et des abreuvoirs à l'intérieur de la zone de protection. Disposition de 4 abreuvoirs et de 4 couvercles de boite (temporaires) à remplacer ensuite par des mangeoires.**

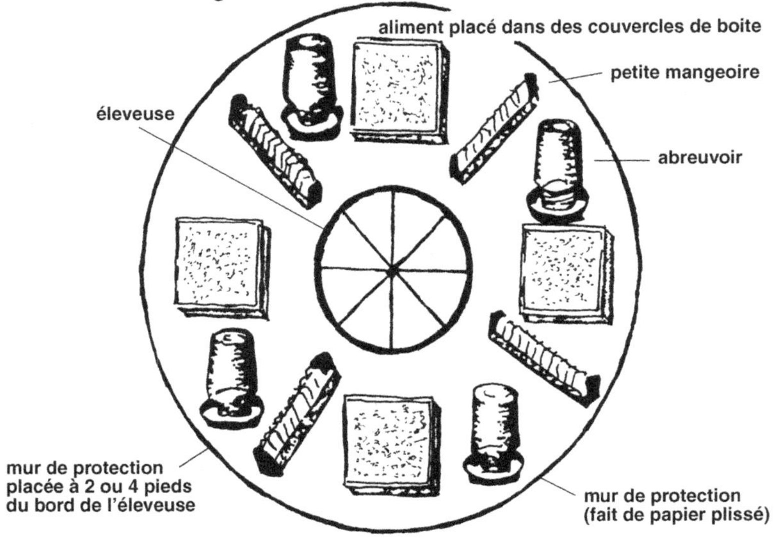

L'aliment doit être disposé de façon à attirer la curiosité du jeune poussin au cours des premiers jours de vie. De la farine ou des miettes répandues sur du papier journal ou une boîte de livraison des poussins renversée peuvent rendre ce service. Quatre abreuvoirs et 4 points d'alimentation sont souvent disposés alternativement juste à proximité de la couveuse (Fig. 42). Placer les jeunes poussins juste sur l'aliment. Pendant la première semaine les points d'alimentation sont éloignés progressivement de la couveuse et remplacés par des nourrisseurs. Il faut 2,5 m (199 inch) de longueur de nourrisseur pour 100 poussins.

L'eau doit être trouvée rapidement par chacun des animaux dès le premier jour, même si certains doivent être pris à la main et leur bec placé dans l'abreuvoir. Durant les deux premières semaines aucun poussin ne doit se trouver à plus de 1 m (3 ft.) d'un abreuvoir et, par la suite, à plus de 3 m (10 ft.). Le besoin quotidien en eau de 100 poussins est d'environ 2 litres au cours de la première semaine. La taille des abreuvoirs doit être augmentée à mesure que les animaux grandissent (Figs 5-12). Une centaine de poules en ponte exigent 36 litres d'eau, ou plus, par jour. Il faut éviter le gaspillage d'eau sur la litière (Figs. 10 et 11).

D. Elevage. Après 3 semaines, ou plus tôt en climat chaud, il n'est plus nécessaire d'assurer un chauffage continu. L'éleveur a le choix entre plusieurs types de conduite. Le troupeau peut être élevé en liberté totale (Fig. 1) ou limitée (Fig. 2), en cages ou en confinement dans un bâtiment (Fig. 3 et 4).

Les avantages de l'élevage en liberté sont: 1) un coût alimentaire réduit car les animaux trouvent leur propre nourriture à l'extérieur sous forme de végétaux ou d'insectes, 2) une économie en matière de logement. Les inconvénients sont: 1) les pertes par prédation, 2) le besoin de gardiennage. A petite échelle le gardiennage est moins contraignant. Avec une poule couveuse et meneuse la défense des poussins est réalisée par la mère. Il faut toutefois des lieux de protection le jour et la nuit. Les prédateurs comme les chiens et les faucons demeurent toujours un problème.

L'élevage en parc assure une meilleure protection vis à vis des prédateurs et du climat. En revanche, plus onéreux, il exige de bien surveiller la fourniture d'aliment et occasionne des problèmes de maladies ou de parasites en période humide. Les cages économisent de la place et, si elles sont assez élevées au dessus des fientes, elles protègent les oiseaux des maladies et des parasites.

Les cages représentent un gros investissement de départ et supposent un bon système de traitement des fientes pour éviter la présence des mouches et les odeurs.

L'élevage en claustration permet une bonne protection contre les prédateurs et améliore l'état sanitaire si les visites sont évitées, de même que la présence d'animaux adultes et celle d'animaux de compagnie. Tous les éléments indispensables doivent être apportés par l'aliment. Un espace suffisant doit être donné à chaque animal, soit 650 centimètres carrés (100 sq. in.) pendant les 5 premières semaines, et 2.750 centimètres carrés (3 sq. ft.) à la maturité. Le sol est habituellement recouvert d'une litière de 5 à 10 cm (2 à 4 inch) d'épaisseur. Le type de litière retenu dépend des disponibilités locales et de leur prix. Les matériaux préférés sont la tourbe, la balle d'avoine, la paille de riz ou de blé, les copeaux de bois, la sciure (seulement après 4 semaines), les tiges de maïs broyées, les rafles de maïs (attention aux moisissures), les feuilles d'arbres, les cosses de riz, de café et d'arachide, les tiges de canne à sucre broyées, le papier journal et le sable (en dernier ressort). Les litières de qualité médiocre demandent plus d'espace pour rester sèches. Si une litière devient humide du fait de fuites des abreuvoirs ou de la pluie, il faut remettre de la litière neuve et sèche par dessus. Des herbes, de la paille ou des particules grossières d'aliment peuvent causer un blocage du jabot (Fig. 43). Si de tels incidents surviennent et si les animaux sont en bonne santé, il faut les sacrifier et les mettre à la consommation; il n'y a, en effet, aucun remède à ce type de problème.

Cannibalisme. Le débecquage est une méthode qui consiste à couper ou à brûler l'extrémité du bec (Fig. 46). Si elle est correctement exécutée, cette intervention mineure évite le cannibalisme qui consiste en

Fig. 43. Poulet à gros jabot

Fig. 44. Sacrifice d'un poulet pour autopsie

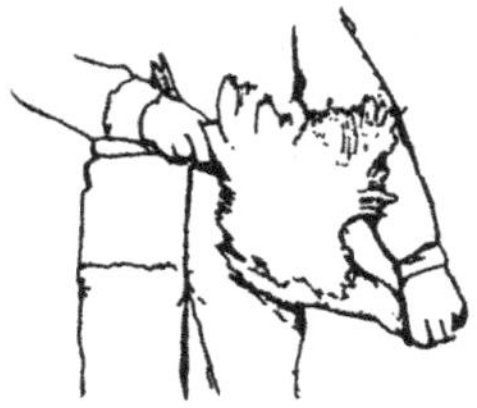

Fig. 45. Cône métallique pour pesée

Fig. 46. Zones de débecquage

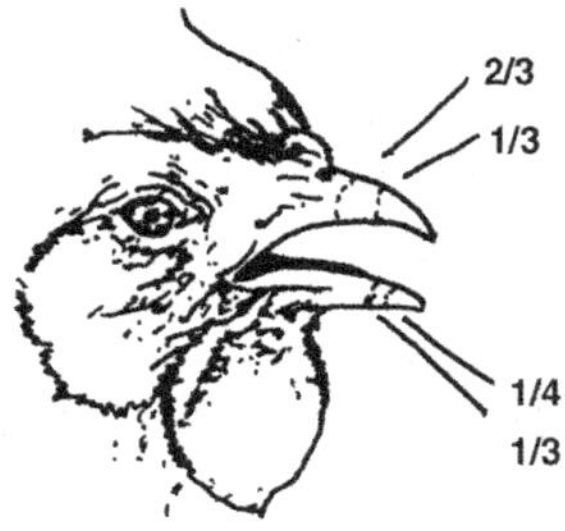

Fig. 47. Crochet de ramassage

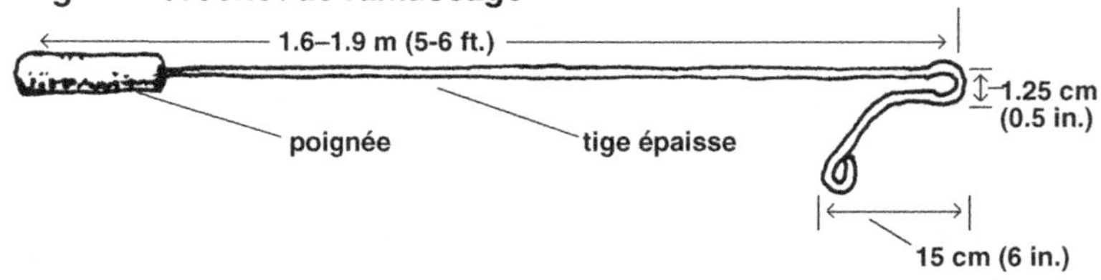

une mauvaise habitude des animaux de picorer les plumes ou les blessures cutanées. Certains éleveurs demandent aux couvoirs de pratiquer cette opération. Pour les poulets de chair on enlève seulement 1/3 du bout du bec. Chez les pondeuses qui devront vivre plus longtemps on ôte entre 1/3 et 2/3 de la partie supérieure du bec et 1/4 à 1/3 de la partie inférieure. Des ciseaux ou un canif peuvent être utilisés si l'on ne dispose pas de machine à débecquer. Plonger l'extrémité du bec dans l'aliment si elle saigne. Pour les animaux en liberté on enlève autant des deux parties du bec, seulement en cas de cannibalisme. Il faut éviter de sectionner trop près des narines. Quand on dispose d'électricité une machine à cautériser peut être utile; de telles machines sont commercialisées par LYON ELECTRIC CO., 2765A, Main Street, CHULA VISTA, CA 91911 (USA) Fax 619/420-1426.

D'autres méthodes pour prévenir le cannibalisme sont quelquefois nécessaires. Au premier signe de picquage des plumes ou de présence de sang, les victimes doivent être séparées des autres. L'installation d'une certaine obscurité, appelée élevage en pénombre, peut être efficace contre le cannibalisme. Cela suppose de disposer d'un poulailler sans fenêtres ni ouvertures, une ventilation active et un faible éclairement fourni par quelques ampoules. Au moins des éclairages bas de 5,4 lux doivent être assurés. Il faut veiller à ce que les abreuvoirs et les nourrisseurs demeurent visibles des oiseaux pour qu'ils ne se déshydratent pas et ne perdent pas de poids.

E. Pondeuses. Il subsiste toujours des débats pour savoir quel est le meilleur type d'élevage des pondeuses. L'élevage en liberté donne accès à la lumière solaire, évitant le rachitisme, et permet aux animaux d'accéder à de la nourriture verte. Les œufs ainsi produits sont souvent vendus plus cher, car leur jaune est plus coloré. Cependant les coûts de production sont aussi plus élevés que ceux provenant d'élevages en claustration. La récupération de nourriture sur le parcours peut conduire à une économie d'aliment. Une limitation du parcours par une clôture peut accroître la protection mais également augmenter l'exposition aux maladies et aux parasites, si le parcours est humide.

L'élevage en claustration sur litière, sur caillebotis (Fig. 52) ou en cages est très répandu. Il exige un aliment parfaitement équilibré. L'investissement est moins lourd si on se limite à la litière. Les cages économisent de l'espace et du travail et facilitent la collecte des œufs; elles représentent un investissement plus lourd. Les fientes sous les cages ou les caillebotis sont une source de développement des mouches qui aiment se reproduire dans une litière humide.

Il faut assurer un supplément d'éclairement aux pondeuses en fonction du cycle de vie de façon à augmenter leur production d'œufs. Avec les Leghorn l'âge idéal pour augmenter la durée du jour est de 20 semaines. Celui-ci est plutôt de 21 semaines pour les poules à double fin, et de 22 semaines pour les reproducteurs. Les instructions des guides d'élevage distribués par les firmes de sélection doivent être suivies rigoureusement. Elles renseignent sur le poids que doit avoir la poulette (Fig. 45) lorsqu'on commence à rallonger la durée du jour. Ajouter une heure de lumière par jour chaque semaine jusqu'à atteindre 15 heures. La taille de l'œuf reste faible si l'on allonge les jours trop tôt. L'allumage et l'extinction des lumières durant la nuit est une façon de stimuler la consommation des poulets de chair. Dans les grands élevages ceci est réalisé grâce à des horloges électriques.

Le nombre d'œufs ramassés peut être lié à la fréquence des collectes. L'élevage en liberté laisse la poule capable de faire un nid. Sa production peut alors être limitée à 2 nichées de 12 à 15 œufs, soit un total de 30 œufs, si on ne procède pas à un ramassage quotidien. Dans ce cas le nombre d'œufs recueillis dépasse 120 par an. Avec 15 heures de lumière assurées pendant toute la période de ponte le nombre d'œufs peut atteindre 250.

Des projets communautaires[1] ont été développés pour la production familiale d'œufs. Le programme permet à une famille de disposer de 10 à 12 poules prêtes à pondre. Elles sont placées dans des cages suspendues, divisées en plusieurs compartiments de 2 à 3 poules. Les fientes sont collectées régulièrement pour limiter la présence de mouches, et utilisées dans le jardin. Au bout d'une année les animaux sont sacrifiés pour la consommation, les cages nettoyées et un nouveau troupeau peut être mis en place.

Nids. En élevage au sol les nids doivent être proposés aux poules avant l'entrée en ponte. Ils peuvent être construits en bois (Fig. 48), en tôle, en grillage, en argile, en briques ou en tapis tissé (Fig. 50). Les nids individuels doivent donner un espace de 0,12 mètre cube (1 cubic ft.). On les place sur le sol (Fig. 48), sur des pilotis (Fig. 49) ou contre le mur dans la partie la plus sombre de la pièce (Fig. 51). Il faut veiller à ce qu'ils contiennent de la litière fraîche et assurer leur propreté pour éviter de salir les œufs. S'ils sont disposés en étages ou suspendus, on équipera le devant avec des perchoirs. Des nids collectifs peuvent aussi être mis en place, mais ils doivent avoir 4 fois la taille d'un nid individuel. Dans les grands poulaillers équipés de caillebotis, les nids sont disposés selon la facilité de travail du soigneur (Fig. 52). Prévoir 25 nids pour 100 poules et les fermer pendant la nuit afin d'éviter l'apparition de couveuses; les ouvrir le matin de bonne heure. Cette pratique permet aussi de conserver les nids propres.

Les œufs doivent être ramassés souvent et conservés dans un local frais pour préserver leurs qualités. Des éleveurs pratiquent 3 à 5 ramassages chaque jour quand la température est élevée. Des œufs placés à 37°C (99°F) voient leur qualité diminuer très rapidement après 3 jours, alors qu'à 3°C (37°F) ils la conserve pendant 100 jours. Trois degrés est la température idéale pour une conservation à long terme; mais 10°C (50°F) convient pour des durées moins longues. Il s'agit de recommandations pour des œufs à commercialiser. Les œufs à incuber exigent des soins particuliers et ne peuvent être gardés plus de 14 jours à 18°C (65°F).

Perchoirs. Naturellement les oiseaux ont souvent l'habitude de dormir dans les arbres; ils apprécient donc pour leur confort de disposer de perchoirs. Cependant ceux-ci ne sont pas indispensables. Les poules ont besoin de 20 cm (9inch) d'espace de perchoir par animal. Sous ces

---

[1]Household Egg Production Program, compilé par le Professeur L. Abrams et M. G. MacGregor, Department of Animal Health Production, Faculty Veterinary Science, Medical University of Southern Africa (012) 529-4751/40; courrier électronique: *gavin@mcd4330.medunsa.ac.za.*

NIDS

Fig. 48. Nids individuels en bois placés au sol

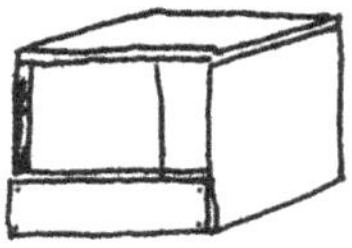

Fig. 49. Nid double sur pilotis

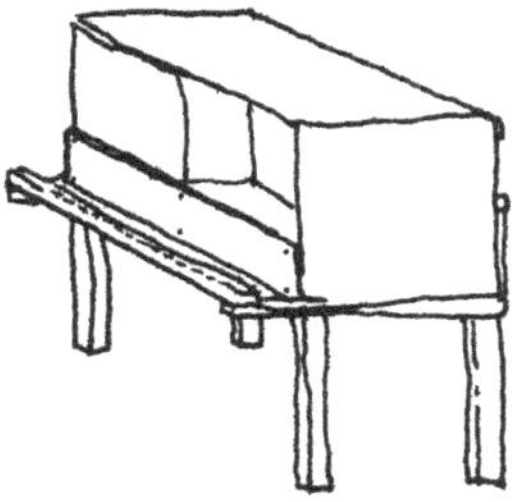

Fig. 50. Panier de roseaux et d'argile

Fig. 51. Nids suspendus contre le mur. Le perchoir est sur charnière pour fermeture la nuit.

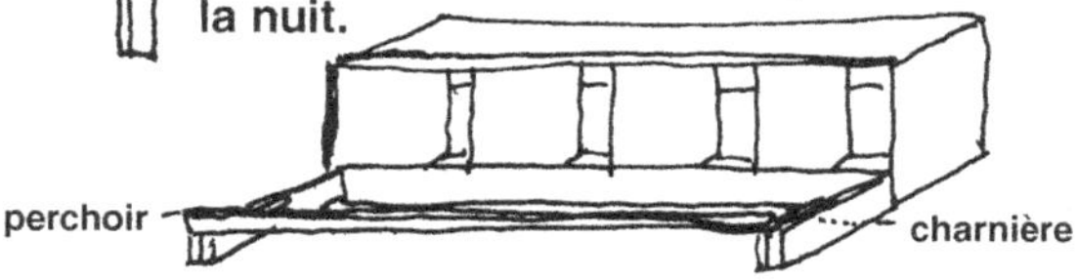

Fig. 52. Poulailler sur caillebotis avec ramassage facilité des œufs

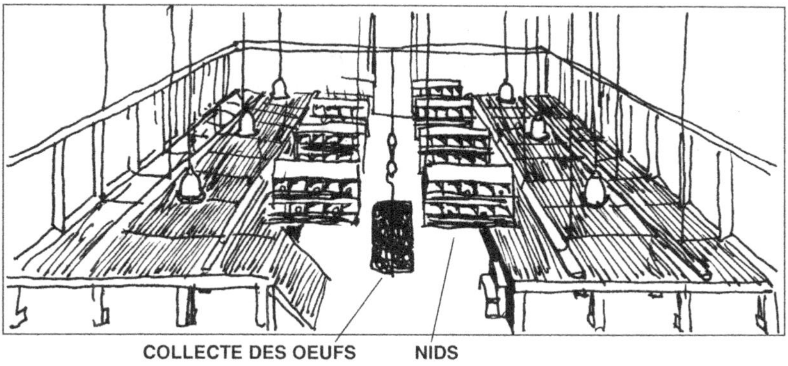

perchoirs se concentrent les fientes qui peuvent servir de fertilisant. Si l'on met en place des perchoirs, il faut prévoir l'aménagement des lieux de façon à les maintenir propres.

L'élimination consiste à supprimer les femelles qui ne pondent pas. On peut ainsi économiser beaucoup d'aliment. Il faut toutefois être prudent car des poules en train de muer peuvent de nouveau entrer en ponte. Un local spécial peut faciliter leur retour en ponte. Les signes d'arrêt de ponte sont une crête pâle et de taille réduite, des pigments jaunes autour de l'œil et sur le bec, des oreillons réduits, une

PONDEUSES ET NON-PONDEUSES

Fig. 53. Poule en ponte

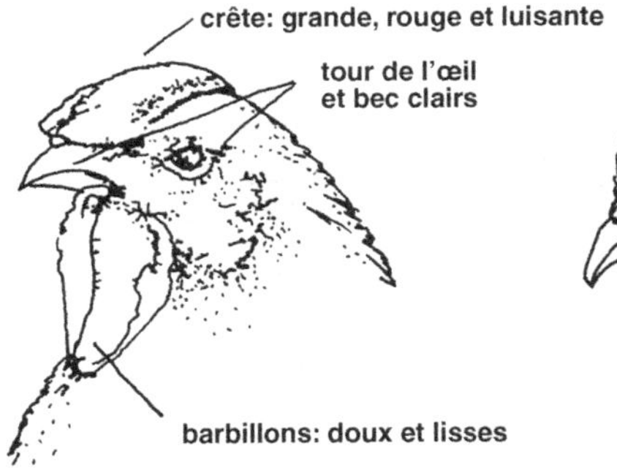

Fig. 54. Poule en arrêt de ponte

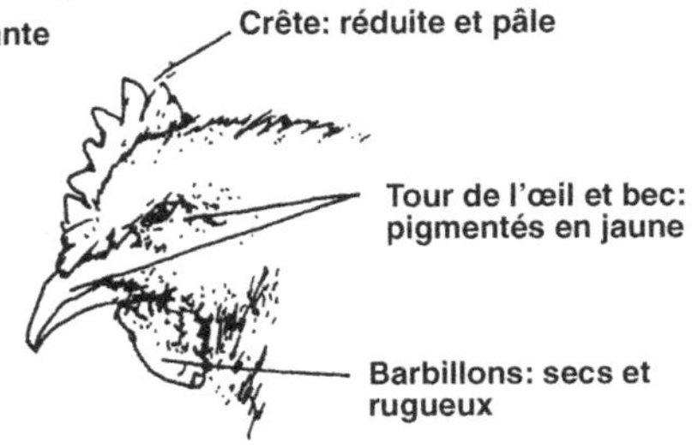

Fig. 55. Pondeuse

Fig. 56. Poule en arrêt de ponte

Fig. 57. Pondeuse. 3 doigts

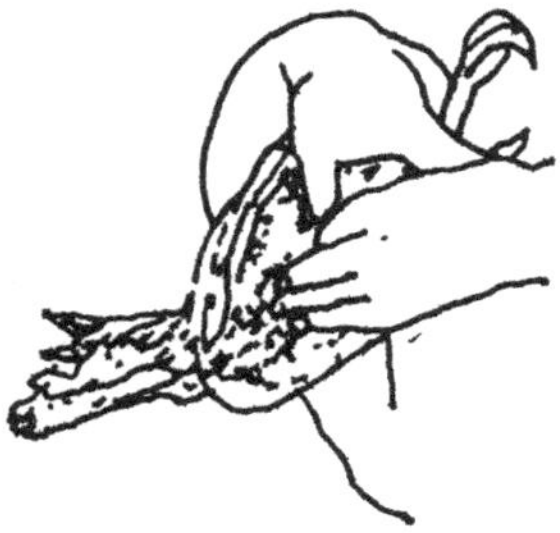

Fig. 58. Poule en arrêt de ponte. 1 doigt

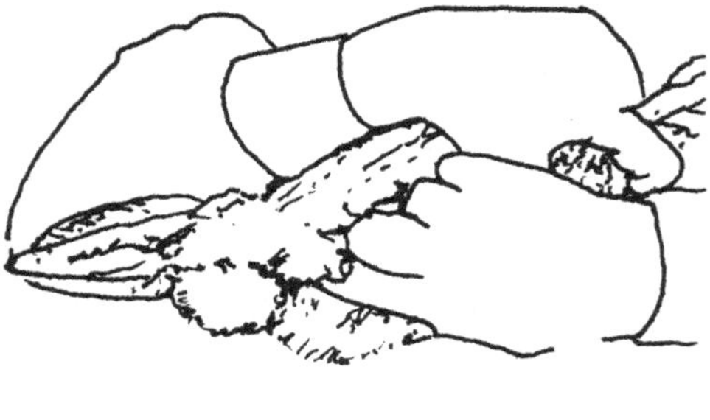

fente pelvienne plissée (Fig. 56) et réduite à un espace d'un doigt entre les deux os pelviens (Fig. 58) et de deux doigts entre la fin du bréchet et le pubis. Il faut noter que les références à la pigmentation ne s'appliquent qu'aux animaux à peau génétiquement jaune et recevant de l'aliments riche en caroténoïdes. En revanche, les poules en état de ponte présentent des crêtes larges, brillantes et rouges, un tour d'œil blanc, des barbillons doux et lisses (Fig. 53).Une fente pelvienne large ovale (Fig.55). avec la place pour trois doigts (Fig. 57) entre les os pelviens et de cinq doigts entre le pubis et le bréchet. Les pondeuses marquent parfois des pauses de 2 à 3 semaines; il faut donc prendre garde à ne pas éliminer de bonnes pondeuses.

F. Reproducteurs. Chaque compagnie de sélection avicole vendant des reproducteurs mâles et femelles possède ses propres guides d'élevage concernant la façon de conduire l'élevage des futurs reproducteurs pour obtenir les meilleures performances de la descendance. Pour apprécier la vitesse de maturité il faut choisir des animaux et les peser régulièrement à titre d'échantillons (Fig. 45). On place ces animaux dans un cône de pesée la tête vers le bas. Plusieurs méthodes sont souvent retenues pour nourrir et élever les futurs reproducteurs. Comme ces animaux coûtent cher à la naissance, il faut suivre scrupuleusement les consignes.

G. Enregistrements. On doit enregistrer chaque jour les résultats de l'élevage sur des cartes affichées dans le poulailler. Les inscriptions peuvent se faire sur un calendrier. Il faut aménager ce tableau pour laisser de la place à la mortalité, la date de livraison des poussins, les jours et origine de livraison d'aliment, la consommation, la ponte journalière, les problèmes sanitaires. Ce travail de routine gêne certains éleveurs mais il est d'un grande utilité pour la programmation des troupeaux et le traitement des maladies.

Section **6**

Nutrition

Energie

Protéines

Minéraux

A. Introduction à la nutrition et l'alimentation.

Si on laisse des poulets trouver par eux-mêmes leur nourriture en liberté dans les champs ou la cour de ferme, ils parviennent souvent à se reconstituer une alimentation équilibrée. Un troupeau familial de 10 à 20 animaux peut très bien ne pas avoir besoin d'un aliment spécifique en plus des déchets ménagers, des insectes et de la verdure. Des effectifs de plus grande taille survivent si on leur apporte un petit complément de grains, maïs ou autres. Encouragé par la réussite de petites bandes, l'éleveur peut être tenté d'augmenter l'importance du troupeau, oubliant alors qu'il va lui falloir acheter de l'aliment. Il faut alors envisager de se procurer un aliment équilibré avec l'objectif de ventes d'animaux pour justifier ce surcroît de dépenses. Il ne faut donc augmenter la taille du cheptel que si l'on est sûr du débouché de ses produits.

L'éleveur serait bien avisé de commencer par des effectifs modestes et d'accroître leurs tailles progressivement à mesure qu'il a acquis de l'expérience et trouvé des débouchés nouveaux. Les producteurs commerciaux estiment que 50 à 70% de leurs dépenses sont représentées par l'aliment. Il faut donc penser à cet approvisionnement quand on veut augmenter sa production. A mesure que les animaux grandissent, leurs besoins augmentent. L'alimentation à volonté, qui consiste à laisser en permanence de l'aliment à leur disposition, est souvent recommandée. On doit estimer la quantité totale d'aliment nécessaire pour mener les animaux jusqu'à leur mise en marché. Pour les poulets de chair à croissance rapide il faut compter sur une quantité d'aliment qui représente deux fois le poids estimé des animaux en fin d'élevage. Un indice de consommation (rapport entre la quantité d'aliment et le poids des animaux à l'âge de commercialisation) de 2 est considéré comme correct pour des poulets de chair. Pour ce faire, il faut: 1) un bon troupeau de reproducteurs, 2) un aliment équilibré et très nutritif, 3) une bonne conduite du troupeau, 4) un contrôle efficace des maladies. La différence entre le prix de vente des animaux et celui des aliments consommés est plus important que l'indice de consommation. Il arrive que des aliments bon marché donnent une croissance un peu ralentie mais un meilleur profit.

Bien des éleveurs ont vu disparaître leur bénéfice au dernier moment à cause d'un jeûne occasionné par la disparition accidentelle d'une matière première du marché. D'autres sources de pertes de bénéfice viennent d'une déficience alimentaire. Comme les céréales constituent la majeure partie de l'aliment des volailles, il peut se poser un problème de compétition avec l'alimentation des humains. L'entreprise avicole recherche donc des matières premières bon marché qui ne conviennent à la consommation humaine.

Bien que l'éleveur de basse-cour estime qu'un supplément de grain est le seul aliment à donner à des volailles laissées en liberté, il faut recourir à une plus grande variété de matières premières si on élève les animaux en claustration. Afin d'assurer une bonne croissance ou une excellente ponte, les entrepreneurs commerciaux ont recours à des régimes très bien équilibrés, distribués sous forme de farine, de miettes ou de granulés.

B. Matières premières pour couvrir les besoins.

Pour assurer de bonnes performances quelques 40 substances chimiques ou nutriments, ont été identifiés comme indispensables dans l'aliment. Un bref résumé de 6 classes de matières premières est donné ci-après:

Matières premières riches en énergie. C'est la faim qui conduit l'animal à consommer et satisfaire son *besoin énergétique.* L'énergie est nécessaire pour l'activité musculaire, les réactions chimiques comme la digestion et pour la production de chaleur. L'ensemble des matières premières doit être mélangé en proportions adéquates à celles qui apportent l'énergie pour assurer un apport équilibré en nutriments. Les matières premières apportant de l'énergie sont habituellement divisées en 3 catégories: les *glucides,* les *graisses* et les *protéines.* Quoique les protéines fournissent bien de l'énergie, elles servent surtout à couvrir les besoins de croissance. Les sources de glucides peuvent être subdivisées en: *produits amylacés, sucres* et *cellulose* (les tissus végétaux). Les produits amylacés et les sucres sont les principaux fournisseurs d'énergie. Il s'agit essentiellement des céréales. Bien que les composés cellulosiques (fibres indigestibles) peuvent parfois représenter la part la plus importante de l'alimentation, ils ne sont pas digérés par les volailles. Les graisses et les huiles constituent une source supplémentaire d'énergie. Par unité de poids elles apportent un peu plus de deux fois d'énergie que les glucides, ou les protéines. La teneur en énergie des aliments s'exprime habituellement en kcal ou Joules par g ou par kg. Ces unités appartiennent au système métrique d'expression énergétique; la kcal est une unité propre à la calorimétrie. 1 cal = 4,184 Joules = la chaleur nécessaire pour élever la température de 1 g d'eau de 1°C. Les matières grasses apportent environ 9 kcal par g, tandis que les glucides et les protéines fournissent 4 kcal d'énergie métabolisable par g.

Matières premières couvrant les besoins énergétiques

Le maïs. Cette céréale est la meilleure source d'énergie de beaucoup d'aliments et en constitue souvent jusqu'à 60 ou 70%. Les aliments à base de maïs doivent être rééquilibrés par addition de protéines, de minéraux et de vitamines. Le maïs jaune est préféré au maïs blanc si l'on cherche à bien pigmenter les jaunes d'œuf ou la peau des poulets, selon le goût des consommateurs.

Le blé. Souvent plus cher que le maïs il peut aussi être incorporé jusqu'à une concentration de 70% dans les régimes pour volailles. Les sous-produits de meunerie, comme les remoulages et le son, peuvent également être utilisés. Le son renferme beaucoup de fibres et n'apporte pas beaucoup d'énergie, mais des vitamines.

D'autres céréales servent aussi de source d'énergie. Chacune d'elles a des qualités nutritionnelles différentes. Les *sorghos* (mil, millet, kafir), *l'orge* et *l'avoine* sont utilisables. Il faut broyer ces matières premières et souvent les débarrasser de leur balle.

Les sous-produits de riz peuvent être introduits dans les aliments pour volailles; il est préférable de les débarrasser aussi de leur balle. Il vaut mieux les utiliser frais.

Le manioc. Contient de grandes quantités d'amidon et peut être incorporé au maximum à raison de 25% après séchage pour éliminer l'acide hydrocyanique qui est toxique.

Les pommes de terre et les patates douces ont servi de sources énergétique à court terme pour remplacer les céréales.

Les mélasses peuvent être mélangées à l'aliment jusqu'à un taux d'incorporation de 5%.

Le jus de canne sert parfois dans les aliments pour poulets de chair. Comme les mélasses il ne contient absolument pas de protéines.

Les graisses et les huiles d'origine animale et végétale sont quelque fois incorporées comme supplément d'énergie. Entre 3 et 6% sont recommandés.

Le besoin quotidien d'énergie doit être associé à un apport correspondant d'autres nutriments tels que protéines, acides aminés, minéraux et vitamines pour assurer une croissance ou une ponte optimales.

Matières premières riches en protéines

Toutes les nouvelles cellules d'un jeune poussin synthétisent de nouvelles protéines pour lesquelles elles ont besoin de 20 acides aminés. Ceux-ci, pièces de base des protéines, proviennent des produits végétaux et des animaux. Quelques acides aminés ne peuvent pas être synthétisés par les volailles (arginine, lysine, histidine, leucine, isoleucine, valine, méthionine, phénylalanine, tryptophane et thréonine). Ils sont dénommés acides aminés indispensables et doivent être présents dans les aliments. D'autres acides aminés peuvent être fabriqués par les animaux dans certaines circonstances (tyrosine, cystine, glycine, sérine). Les signes généraux de carence en protéines et acides aminés incluent le retard de croissance, un emplumement anormal, une baisse de la ponte et spécialement une baisse du poids de l'œuf. Une carence en lysine, acide aminé indispensable, entraîne un défaut de coloration des plumages noir ou rouge. Un tiers des protéines nécessaires à la formation d'un œuf peuvent provenir des céréales du régime. L'objectif de la nutrition protéique est d'assurer un complément de protéines à celles venant des céréales. Celles-ci sont très déficientes en lysine mais riches en méthionine; donc les protéines complémentaires proviennent souvent de légumineuses ou de produits d'origine animale qui sont riches en lysine et pauvres en méthionine.

Matières premières assurant le besoin en protéines

Origine végétale. *Soja et sous-produits.* Les protéines de soja sont riches en lysine et tryptophane et, de ce fait, complémentent très bien les céréales. Les sojas doivent être cuits pour détruire des substances qui inhibent la croissance. Des graines de soja entières cuites constituent une excellente source de protéines (36%), mais aussi d'énergie. Les tourteaux, après extraction de l'huile, sont d'excellentes sources de protéines (44 à 49%).

L'arachide peut contenir jusqu'à 47% de protéines. Mais celles-ci sont pauvres en certains acides aminés, particulièrement la lysine et les acides aminés soufrés.

Le tourteau de coton renferme 43% de protéines mais un composé toxique (« gossipol ») doit en être extrait par traitement avant utilisation. Si le tourteau n'a pas été traité, on observe des retards de croissance chez le poulet et une certaine décoloration du jaune de l'œuf.

Les tourteaux de *tournesol, de carthame, de sésame, de kapok, de palme, de noix de tung (abrasin), de caoutchouc, de coprah, les pois, les haricots et autres graines de légumineuses, les sous-produits de brasserie* sont utilisés comme supplément protéique. Chacune de ces matières premières peut être incorporée à faible dose et possède sa propre limite dans les formules. Tout dépend des disponibilités en chaque produit. Le mieux est de s'approvisionner à une source sûre, et de procéder par des essais ou tenir compte de ses erreurs. Tout changement d'origine des produits peut avoir des conséquences sur les animaux.

Origine animale. *Les farines faites à partir de poisson, de viande, de sang, de sous-produits d'abattoirs, de plumes* renferment des quantités variables d'acides aminés et de minéraux.

Des suppléments de phosphate sont souvent coûteux; les produits d'origine animale sont une source bon marché de phosphore très assimilable. Les sous-produits ou excédents laitiers sont également des sources d'acides aminés rares et de minéraux. Le petit lait est un excellent complément des céréales; il accroît le goût et apporte des nutriments. Il peut cependant fermenter dans les mangeoires. Pour l'empêcher, ne distribuer que des quantités suffisantes pour quelques heures en climat chaud, et pour une journée maximum en climat tempéré.

Les acides aminés industriels. Deux acides aminés, lysine et méthionine, qui manquent souvent dans les matières premières, sont disponibles à des prix compétitifs dans le commerce comme additifs. La méthionine de synthèse ou son hydroxy-analogue sont disponibles comme sources de méthionine et d'un prix très intéressant pour la production avicole. L'analogue est très rapidement converti en méthionine vraie par l'animal, évitant des gaspillages d'azote par celui-ci.

Autres matières premières

Beaucoup d'autres produits peuvent être incorporés dans les aliments pour volailles à des prix raisonnables. Il s'agit de récoltes de graines ou de sous-produits animaux. Chacun contient des protéines, de l'énergie des vitamines et des minéraux. Par exemple: *les bananes, les caroubes, les produits issus de la noix de coco, le tourteau de coprah, le dolique de Chine, les dattes sèches, la féverole, le lupin, la farine de luzerne, les déchets de homard, le manioc, le millet, la mélasses, le tourteau de palme, la farine d'ananas, le son de riz, le riz paddy, le tourteau de sésame, les escargots, la patate douce, les farines de vers séchés, et les produits de yuka (yucca filamentosa).*

3. Les suppléments vitaminiques. Pour produire des volailles il faut leur procurer quelques 13 vitamines. Les symptômes de carence (voir tableau 6.1) indiquent parfois une carence en une vitamine particulière; mais, plus souvent, il s'agit d'apports insuffisants en plusieurs vitamines et minéraux.

TABLE 6.1 SIGNES DE CARENCE EN VITAMINES ET SOURCES NATURELLES

Vitamine	*Signes de déficience*	*Sources*
Vitamine A Rétinol	ataxie, bronchite nutritionnelle infections des yeux dépôts d'urate ponte réduite mauvaise éclosion	fourrage vert gluten de maïs maïs jaune huile de poisson
Vitamine D	rachitisme, os mous croissance réduite ponte réduite	les poussins placés au soleil synthétisent cette vitamine
Vitamine E tocophérol	poussins « fous » encéphalomalacie oedème, distrophie musculaire, éclosion faible	farine de luzerne huiles végétales germes de blé
Vitamine K	hémorragies, mauvaise coagulation	luzerne fourrage vert farine de poisson

TABLE 6.1 (suite)

Vitamine	*Signes de déficience*	*Sources*
Vitamine B1 thiamine	tête renversée perte d'appétit pertes de poids, convulsions arrêt de ponte	feuilles produits du lait et des céréales tourteaux d'oléagineux
Vitamine B2 riboflavine	doigts crochus	luzerne, herbe verte
Acide Panto-thénique	dermatites des pieds croissance et emplumement réduits, lésions de la bouche yeux clos	luzerne, herbe verte produits laitiers drèches, produits de fermentation
Acide nico-tinique	tendon déboîté (pérosis) bréchet élargi	issus de blé gluten de maïs
Niacine	mauvais emplumement	luzerne
Vitamine B6	dermatite, mauvaise croissance, convulsions mauvaise coordination	produits laitiers tourteau de soja farines de viande et poisson
Biotine	croissance ralentie, dermatite des pieds, bec et yeux, éclosion faible	herbe verte, céréales tourteau de soja, levure produits laitiers
Acide folique	croissance ralentie tendon déboîté, anémie mauvais emplumement, éclosion réduite	feuilles vertes
Choline	pérosis, mauvaise croissance ponte réduite	produits du poisson et du lait, soja
Vitamine B12	anémie, croissance réduite mauvaise éclosion	farines de viande et sous-produits de fumier

Beaucoup de vitamines sont apportées par les grains, la verdure ou les produits naturels de fermentation si les déchets ménagers sont livrés aux animaux. Les vitamines du groupe B sont présentes dans les levures et le fumier. Ces vitamines, ainsi que la vitamine A, peuvent être fournies aux animaux en petites bandes en leur distribuant de la verdure. Bien qu'elles soient fragiles sous cette forme, elles peuvent être conservées lors du séchage. C'est pourquoi la farine de luzerne est souvent utilisée. Quand il a besoin de vitamines, l'éleveur peut rechercher des sous-produits laitiers comme le petit lait ou les sous-produits de brasserie.

L'alternative aux sources naturelles de vitamines est l'emploi d'un concentré commercial. La plupart des vitamines sont produites maintenant à bon marché, tout comme les oligo-minéraux. Les coûts de transport maritimes sont faibles puisqu'il s'agit de produits utilisés en très faible quantité. Un prémix vitaminé typique à ajouter à l'aliment apporte par kg d'aliment composé: vitamine A=5.500 UI, vitamine D_3=1.100 UI, vitamine=11 UI, riboflavine= 4,4 mg, pantothénate de calcium= 12 mg, acide nicotinique= 44 mg, chlorure de choline= 220 mg, vitamine B_{12}= 6,6 mcg, vitamine B_6= 2,2 mg, ménadione= 1,1 mg, acide folique= 0,55 mg, biotine= 0,11 mg, thiamine (en monocitrate)= 2,2 mg; un antioxydant peut être aussi incorporé afin de protéger les vitamines et les stabiliser. Les éleveurs doivent sérieusement envisager l'utilisation d'un tel prémix du commerce.

4. Suppléments minéraux. Neuf, ou plus, éléments non-organiques sont souvent considérés comme indispensables. On doit les ajouter aux aliments si les matières premières n'en contiennent pas. Le phosphore, le calcium, le sodium et le potassium doivent être présents en grande quantité. Le potassium est généralement suffisamment présent dans les matières premières habituelles, tandis que le sodium et le chlore sont apportés par le sel. Le calcium et le phosphore doivent être apportés en bon équilibre l'un par rapport à l'autre. Dans les aliments pour poulet de chair et pour poulette la teneur en calcium doit être de 0,9 à 1%, et de 3% pour les aliments destinés aux pondeuses. Comme il faut de grandes quantités de ces minéraux et que leur transport par mer est assez onéreux, il est souhaitable de se procurer ces substances sur place sous forme de calcaire et de poudre d'os. La calcium et le phosphore sont indispensables pour la croissance du squelette et la solidité des coquille d'œuf. Leur déficience, ou une carence en vitamine D, entraînent des faiblesses osseuses appelées rachitisme. Un équilibre de 2 parts de calcium pour une part de phosphore est recommandé pour les poulets en croissance. Les pondeuses, elles, n'exigent pas plus de 0,32% de phosphore disponible. Les déchets de couvoirs, cuits ou pasteurisés, contenant des coquilles d'œufs sont utilisés comme source de calcium. Le calcaire broyé ou les coquilles d'huîtres sont souvent proposés dans des mangeoires séparées de façon que les poules demeurent libres de choisir librement leur calcium, indépendamment du reste de l'aliment.

TABLE 6.2 SIGNES DE CARENCES EN MINERAUX ET SOURCES

Elément	*Signes de déficience*	*Sources*
Calcium	rachitisme, os mous, coquille mince, retard de croissance	coquilles d'huîtres, calcaire broyé, farine d'os
Phosphore	rachitisme, ponte réduite coquilles fragiles	céréales, farines d'os et de poisson, phosphates défluorés, produits laitiers
Sodium	croissance ralentie, cannibalisme	sel, produits animaux
Potassium	croissance ralentie	végétaux
Fer	anémie	produits animaux et végétaux
Manganèse	pérosis tête renversée	balle de riz issus de meunerie
Sélénium	anémie sévère, diathèse exsudative, ponte faible	farine de poisson levure
Iode	goître	farine de poisson, levure

D'autres minéraux, sous une forme non-organique, sont indispensables à l'état de traces (Tableau 6.2). Comme ils ne représentent pondéralement pas grand chose, ils peuvent être acquis à bon marché sous forme de prémix. Des recommandations sont proposées pour le fer, le cuivre, l'iode, le zinc, le manganèse, le magnésium et le sélénium. Le contenu en ces éléments dans les matières premières dépend de leur présence dans les sols d'origine des matières premières. Si toutes proviennent de la même région, les risques de carence augmentent. D'autres éléments sont nécessaires dans certaines circonstances: le fluor, le nickel, l'étain et le vanadium.

Les maladies causées par les carences en ces éléments sont: l'anémie pour le fer, le goître pour l'iode, la dilatation des articulations des pattes pour la manganèse. L'absence de sélénium provoque l'apparition de pustules verts d'apparence gélatineuse sur la peau (diathèse exsudative). Ceci n'est observé que dans des régions limitées du monde. Dans d'autres zones la teneur en sélénium est assez élevée et peut devenir toxique pour le bétail. Mais les matières premières produites dans des sols insuffisamment riches en sélénium réclament des supplémentations de l'ordre de 0,2 mg par kg. Un prémix minéral incorporé à raison de 0,05% dans l'aliment doit apporter en mg par kg de régime: manganèse= 60, zinc= 50, fer= 30, cuivre= 5, iode= 1,5, sélénium= 0,1. Des cendres de bois apportent suffisamment de ces minéraux pour des animaux élevés en liberté.

On a parfois conseillé d'apporter du grit sous forme de petites pierres quand les animaux sont élevés en claustration, afin que leur gésier puisse broyer les matières premières. Cela n'est pas nécessaire si les aliments ont été broyés au préalable. Les animaux en liberté, eux, trouvent par eux-mêmes ce grit.

5. L'eau. Les volailles doivent avoir accès en permanence à de l'eau propre et, si possible, fraîche. La croissance, l'entretien du poids, l'activité physique et la ponte exigent de l'eau. Celle-ci représente 85% du poids du poussin. Bien que les poulets puissent survivre plusieurs jours, voire semaines, en l'absence de nourriture, une perte de poids de 20% due à la privation d'eau devient mortelle. Chez la pondeuse la mue peut survenir à la suite d'une diète hydrique de 1 à 2 jours. Par temps chaud la mort peut arriver en moins d'une journée. Les besoins en eau augmentent beaucoup en période chaude. Après la mise en place du halètement, les pertes en eau par expiration pulmonaire s'accroissent.

Les volailles sont particulièrement sensibles à l'empoisonnement par le sel s'il est accidentellement ajouté à l'eau ou à l'aliment. L'eau peut aussi contenir, par contamination, du chrome, du cadmium, du cuivre, du mercure et du zinc dont il faut vérifier l'absence.

L'usage d'eau de puits riche en chlore peut dégrader de façon permanent la qualité des coquilles d'œufs. Quand des poules ont été privées d'eau par temps chaud, la surconsommation qui survient lors du réabreuvement induit de la diarrhée.

Guide de consommation quotidienne d'eau du poulet

Animaux Par poulailler	*Age (sem.) / Temp (°C)*	*1*	*2*	*3*	*4*	*5*	*6*	*7*	*8*
					Litres d'eau				
1000	21	30	61	95	132	174	216	254	288
	32	34	98	197	272	356	416	462	473
10.000	21	303	605	946	1325	1741	2157	2535	2876
	32	341	984	1968	2725	3557	4163	4617	4730
20.000	21	605	1211	1892	2649	3482	4314	5071	5752
	32	681	1968	3936	5449	7114	8325	9243	9461
30.000	21	908	1816	2838	3974	5222	6471	7606	8628
	32	1022	2952	5904	8174	10672	12488	13851	14191

Source: North, Mack O., Bell, Donald D., *Commercial Chicken Production Manual.* 4th Ed. 1990

6. Additifs non nutritifs. Dans les entreprises commerciales d'alimentation animale on ajoute, par commodité, des additifs pour assurer un ingéré uniforme. Ces additifs fabriqués, commercialisés et contrôlés par d'autres firmes sous forme de concentrés sont souvent mélangés, pour dilution, à une matière première. Ces additifs comprennent: 1) des médicaments tels que des antibiotiques, des coccidiostatiques, des insecticides et des vermicides (contre les vers), 2) des promoteurs de croissance comme certains composés arsenicaux, 3) des antioxydants pour prévenir le rancissement des graisses, 4) des substances antifongiques contre les champignons toxiques, 5) des détoxifiants tels le sulfate de fer pour inhiber les effets du gossypol, 6) des pigments jaunes (caroténoïdes) quand les consommateurs ont une préférence pour les jaunes très colorés ou les poulets à peau jaune. ***Pour protéger la santé du consommateur tous ces additifs doivent subir des tests de contrôle de non-toxicité avant que leur usage soit autorisé par les Etats.***

C. Origine des aliments pour volailles. Le débutant a le choix entre 3 possibilités pour s'approvisionner: 1) préparer lui-même son aliment à partir de grains produits localement et complémenter avec des matières premières adéquates, 2) faire des mélanges de grains locaux et de concentrés protéiques auxquels il ajoute des prémix vitaminés et minéraux, 3) entrer en relation avec un fabricant d'aliment qui lui fournira des aliments adaptés à chaque type d'animaux. Si l'aliment composé tout prêt est d'un prix convenable, l'éleveur peut contracter avec un fabricant fiable. Les éleveurs peuvent aussi se regrouper pour traiter avec un fabricant. Celui-ci peut recourir à un formulateur. On peut d'ailleurs procéder à des comparaisons entre divers aliments d'origines différentes. Il est possible de comparer plusieurs matières premières dans des conditions identiques. Il faudra souvent plus qu'un seul essai pour conclure après un test statistique afin de garantir les conclusions.

D. Systèmes d'alimentation. Les éleveurs de petits troupeaux laissés en liberté désirent s'assurer un complément d'alimentation. Ils peuvent ainsi cultiver des végétaux frais pendant la saison favorable. Les volailles les récolteront elles-mêmes directement, ou alors elles les consommeront quand l'éleveur les leur donnera après récolte. Les végétaux verts en pâture sont souvent riches en protéines et en vitamines et conviennent à tout type de volailles. Il est important de stocker l'eau (barrage, irrigation, cultures d'hiver) de façon à maintenir les pâtures vertes et en croissance. La luzerne, le trèfle et beaucoup de plantes locales constituent d'excellents aliments. De l'énergie et des minéraux sont souvent nécessaires en complément pour les animaux en liberté. On peut le faire en leur donnant un petit supplément concentré renfermant des prémix vitaminiques et minéraux mélangés à un peu de grain et de protéines. On adopte alors les teneurs d'aliments composés du commerce.

L'addition de protéines n'est pas indispensable si les animaux consomment beaucoup de fourrage vert.

Les volailles peuvent recevoir une petite quantité de concentré puis accéder à volonté à un aliment bon marché et livré en vrac. Le son de riz, le tourteau de caoutchouc ou l'amande de palme peuvent être un bon complément aux bananes ou au manioc distribués *à volonté.* Si le marché des œufs ou des poulets est assez intéressant pour justifier l'expansion du troupeau, l'éleveur peut envisager de fabriquer son propre mélange. Il est avantageux d'utiliser ainsi un grand nombre de matières premières dans n'importe quelle formule en assurant un bon équilibre d'acides aminés et de vitamines. Si l'on ne peut disposer de prémix vitaminé et minéral, des apports corrects sont possibles avec un mélange judicieux d'ingrédients. Les sous-produits d'origine animale et ceux provenant du lait, les issues de céréales comme le son sont tous de bonnes sources de vitamines. Enfin on peut toujours acheter des aliments complets.

E. Assurance qualité. La qualité des matières premières est aussi importante que leur type. Le maïs est reconnu universellement comme une excellente matière première pour les volailles. Toutefois certains champignons peuvent contaminer cette céréale et entraîner de la mortalité. La valeur d'une matière première doit être déterminée par sa capacité à assurer une bonne croissance et une excellente ponte. Il faut toujours se méfier des contaminations inhibant le croissance. Il s'agit de graines sauvages, de moisissures, d'excréments de vermine (qui peuvent transporter des maladies), des produits chimiques toxiques, des larves d'insectes ou d'un excès d'un nutriment (comme le calcium des farines de poisson). ***L'acheteur doit donc faire attention.***

F. Formules pour rations. Quand un éleveur se trouve face à des problèmes de nutrition, il demande souvent: « quelle formule utiliser? ». Parmi des milliers de possibilités il n'y a pas de réponse simple. On constate des variations de composition des matières premières, de leur disponibilité sur le marché et de leur prix. Les formules pour volailles sont classées en « démarrage », « croissance », « finition », « ponte » et « reproducteurs »; elles varient selon les souches, les climats et aussi les espèces. Les grosses entreprises modifient leurs formules chaque semaine ou chaque jour selon les prix et les possibilités d'approvisionnement en matières premières.

Plusieurs années d'études en nutrition sont nécessaires pour bien formuler un régime qui renferme tous les éléments indispensables et qui soit compétitif en matière de prix. On sait, en effet, plus de choses en matière de nutrition des volailles que pour ce qui concerne les autres animaux, y compris l'homme. La plupart des entreprises emploient des nutritionnistes qui utilisent des ordinateurs pour formuler au *moindre coût.* De telles formules sont confidentielles. Les références en matière de formules (Section 11) fournissent les grandes lignes des outils nécessaires.

G. Echantillon de formules alimentaires. L'éleveur débutant peut vouloir commencer son activité en utilisant l'une des formules proposées dans le liste ci-jointe. Les ingrédients sont exprimés en pourcentage qui peuvent être traduits en kilos ou en livres. Si les animaux sont élevés en claustration 0,5 kg d'huile de foie de morue peut être ajouté par 100 kg d'aliment.

H. Mélange et livraison. Quand on a rassemblé toutes les matières premières, le plus gros travail est de bien les mélanger. Certaines matières premières doivent être broyées au broyeur à marteaux en fine farine. Les matières premières grossières placées sur une plaque en béton et d'autres matières premières mineures sont posées dessus avec les prémix. Ceux-ci ne représentent que des petites quantités. Votre propre prémix peut être préparé en les diluant dans 1 à 5 kilos de maïs ou d'un autre ingrédient. Ce mélange est réalisé en le tournant plusieurs fois dans un récipient clos (Figs. 59, 60 et 61) ou dans des sacs en plastique. L'ensemble des matières premières est retourné plusieurs fois avec une pelle, une houe ou un mélangeur. Lorsque l'élevage augmente de taille, le mélange de grandes quantités d'aliment exige de disposer de moyens adaptés. Une manivelle ou un moteur électrique devront faire tourner le tambour de la mélangeuse plusieurs minutes pour que le mélange soit satisfaisant. Une petite mélangeuse transportable convient bien aux mélanges pour volailles. La mélangeuse doit être affectée uniquement aux aliments; donc ne pas servir à la préparation du béton, par exemple. Les aliments sont préparés habituellement en farine sèche. Des moulins plus sophistiqués et des granuleuses peuvent être mis en place et conduire à de meilleurs résultats de croissance et d'efficacité alimentaire.

Bien que quelques aliments puissent être conservés pendant un mois ou plus, la stabilité de ces aliments dépend, dans le temps, des matières premières et des conditions de stockage. En climat chaud la dégradation de certains produits peut se faire en une semaine.

De nombreux aviculteurs en viennent à acheter leurs matières premières chez des fabricants et à les mélanger ensuite. Des équipements spéciaux sont nécessaires pour faire ces mélanges et pour assurer l'ensachage. Une perte de confiance est quelquefois le meilleur moyen d'effectuer des remplacements dans une usine d'aliment. Les gouvernements imposent parfois d'indiquer sur les sacs les teneurs minimales en ces matières premières.

Il existe beaucoup de moyens pour transporter l'aliment vers les locaux de stockage et dans les poulaillers. Il faut veiller à éviter les pertes. Une bonne règle à appliquer en cas de nourrisseur de type auge est: « ne jamais le remplir à plus de la moitié ».

MELANGEUSES

Fig. 59. Mélangeuse à culbute avec manivelle. Excellente pour les prémix avec un récipient de 5 gallons. Un récipient de 5 gallons permet de mélanger 50 kg d'aliment

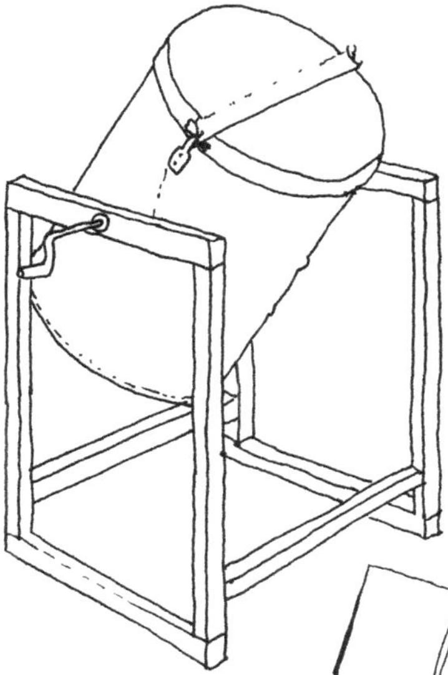

Fig. 60. Vue de côté de la même mélangeuse

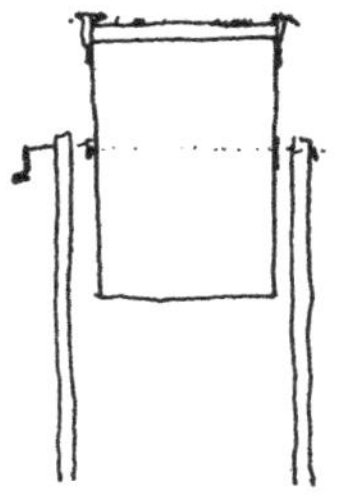

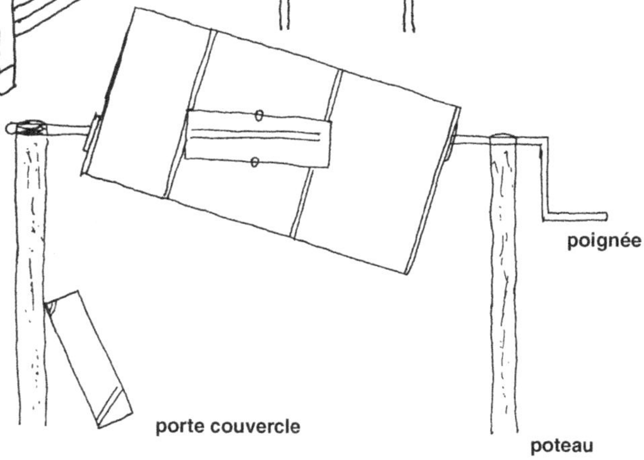

Fig. 61A. Autre montage d'un bidon d'huile de 50 gallons nécessitant la fabrication spéciale d'une porte de fermeture.

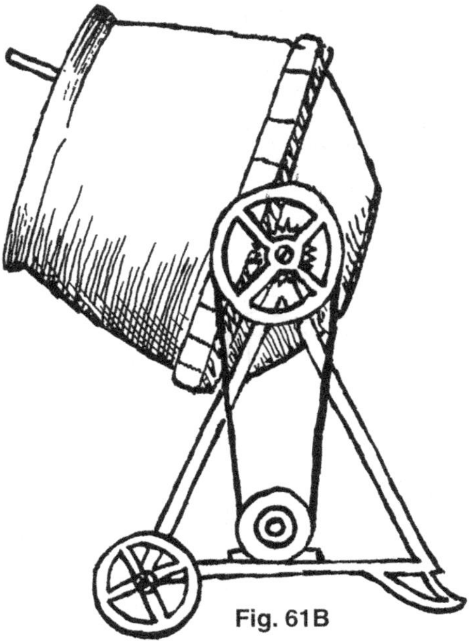

Fig. 61B

Fig. 61C. Le bord de la mangeoire doit être au niveau du dos du poussin pour éviter le gaspillage.

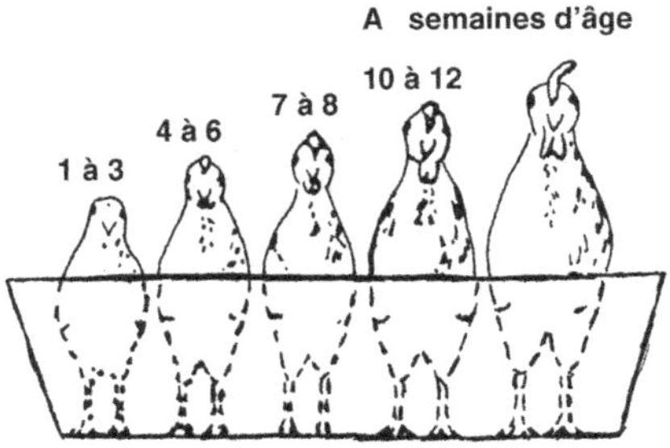

Fig. 61D. Modifications de la longueur de mangeoire en fonction de l'âge.

Echantillons de rations pour pondeuses et poules à double fin

Matière première	*Super-démarrage A Semaines: 1-8*	*Démarrage B 1-8*	*Croissance 9-20*	*Pondeuse 20 et +*
	pourcentage			
Céréales broyées ou écrasées	49,5	29,5	49,5	21,5
Sous-produits de céréales	20,0	20,0	–	25,0
Son de blé ou de riz	–	15,0	30,0	15,0
Huile de soja ou autre huile	10,0	–	5,0	15,0
Farine de viande, de poisson ou de volailles	10,0	10,0	10,0	10,0
Farine de luzerne ou fourrage sec	5,0	5,0	–	5,0
Tourteau d'arachide, de sésame ou de coton	–	15,0	–	–
Petit lait sec ou sous-produits de distillerie	3,0	3,0	5,0	–
Calcaire broyé ou coquilles d'huître	2,0	–	–	5,0
Farine d'os et de viande ou phosphate	–	2,0	–	3,0
Sel	0,5	0,5	0,5	0,5
TOTAL	100	100	100	100

Echantillons de rations pour poulets de chair de type commercial

Matières premières	*Démarrage Semaines: 1-3*	*Croissance Finition 3-10*	*Aliment de retrait Dernière semaine*
	pourcentage		
Céréales broyées ou écrasées	58,65	63,15	68,20
Tourteau de soja ou de légumineuse	31,00	22,50	16,50
Gluten de maïs (65%)	–	3,00	4,00

Echantillons de rations pour poulets de chair de type commercial (suite)

Matières premières	*Démarrage Semaines: 1-3*	*Croissance Finition 3-10*	*Aliment de retrait Dernière semaine*
	pourcentage		
Farine de viande, de poisson ou de volailles	5,00	5,00	5,00
Graisse (qualité nutritionnelle)	3,00	4,00	4,00
Calcaire broyé ou coquilles d'huîtres	0,65	0,65	0,65
Phosphate alimentaire	1,25	1,25	1,25
Sel	0,25	0,25	0,25
Méthionine	0,15	0,15	0,15
Prémix vitaminé et minéral	0,05	0,05	0,05
TOTAL	100	100	100

Echantillons de rations pour pondeuses au Sri Lanka

Matières premières	*Poussins (0-8 semaines)*	*Poussins (8-18 semaines)*	*Pondeuses*
	pourcentage		
Sorgho	39,5	44,5	41,5
Son de riz	7,0	23,0	19,5
Farine de poisson	10,0	12,0	8,5
Tourteau de noix de coco	25,0	20,0	18,5
Tourteau de sésame (Gingelly)	12,0	–	2,0
Dolique	6,0	–	3,0
Grit de coquille	–	–	6,5
Sel	0,5	0,5	0,5
TOTAL	100	100	100
Ajouter par 100 kg			
Iodure de potassium (g)	0,145	0,145	0,145
Chlorure de choline (21,7%) (g)	555	530	540

Echantillons de rations pour poulettes données au Zaïre

Matières premières	*Démarrage Semaines: 1-8*	*Croissance 8-24*	*Ponte 24 et +*	*Ponte Concentré**
	Pourcentage			
Maïs broyé	33,0	40,0	40,0	20,0
Millet broyé	22,0	15,0	20,0	18,0
Riz cargo	11,0	–	–	–
Riz paddy broyé	-	10,0	10,0	10,0
Farine de poisson	7,5	7,0	3,0	4,0
Farine de viande	–	–	3,0	5,0
Poudre de lait écrémé	5,0	6,0	–	–
Levure sèche	3,0	1,0	1,0	–
Tourteau d'arachide	9,0	12,5	12,0	25,0
Farine de luzerne	7,5	5,0	7,0	12,0
Phosphate bicalcique	0,5	1,0	0,5	2,0
Coquilles d'huîtres	1,0	2,0	3,0	3,0
Sel	0,5	0,5	0,5	1,0
TOTAL	100	100	100	100

*à donner en libre choix avec le grain

Echantillons de rations pour pondeuses en Uruguay

Matières premières	*Poussins*	*Pondeuses*
	Pourcentage	
Maïs broyé	40,5	40,0
Blé broyé	20,0	5,0
Sorgho	-	3,0
Orge broyée	16,0	20,0
Son	-	10,0
Farine de viande	15,0	7,0
Tourteau de tournesol	7,0	10,0
Coquilles d'huîtres	1,0	4,0
Sel	0,5	1,0
TOTAL	100	100

Section 7

Programmes sanitaires avicoles

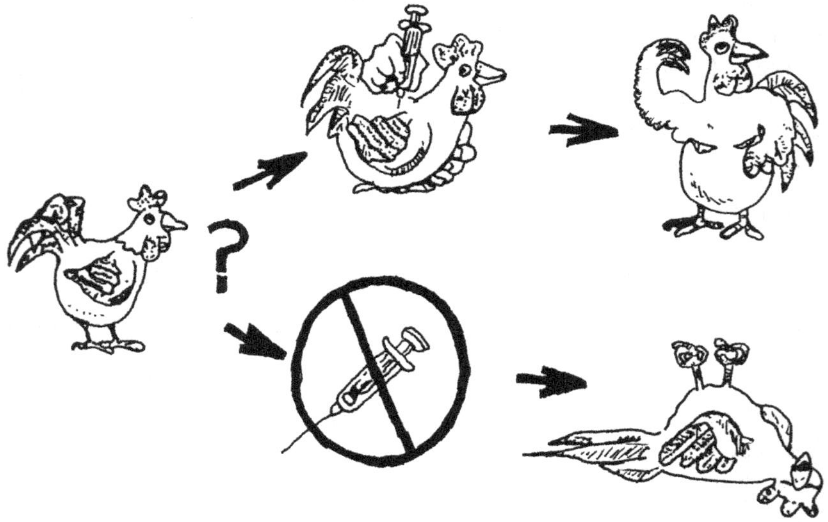

A. Maladie et santé (rôle des causes non infectieuses des maladies):

Une discussion utile sur la pathologie des volailles nécessite des connaissances fondamentales de la physiologie et de la biologie des volailles. Le lecteur non averti est encouragé à s'informer sur les besoins fondamentaux des oiseaux et d'autres documents introductifs (Voir références). Comme cela est indiqué à plusieurs endroits de cet ouvrage, les volailles présentent de nombreux besoins de base pour leur bonne santé. S'ils ne sont pas assurés, les maladies ont toutes les chances de survenir. Cependant cela demeure possible même en dehors des besoins évoqués ici. Les carences alimentaires conduisent à des maladies nutritionnelles, mais peuvent aussi contribuer au développement d'agents infectieux et augmenter ainsi la sévérité des maladies. Cela reste valable même si la carence nutritionnelle n'est pas assez prononcée pour conduire à l'apparition des signes classiques de carence. Des conclusions identiques restent valables pour d'autres besoins, dont la qualité et l'approvisionnement en l'eau, les défenses envers les conditions climatiques extrêmes, les stress liés à des prédateurs ou la présence de toxines dans l'aliment. Beaucoup de problèmes pathologiques proviennent de modifications de l'environnement, des toxines, de facteurs génétiques, de carences nutritionnelles ou de chocs, sans qu'au départ il n'y ait d'agent infectieux. Toutes ces causes non infectieuses affaiblissent le système immunitaire et la résistance aux maladies. Fréquemment des infections minimes, qui seraient normalement supportées sans problème, deviennent infectieuses à cause de l'affaiblissement des défenses de l'organisme. Il arrive donc qu'on observe des infections secondaires à la suite d'une maladie non infectieuse

Pour commencer à comprendre une maladie particulière, il faut s'assurer de la cause première et de sa nature. Evidemment le traitement des effets secondaires n'est pas le meilleur moyen de lutter contre la cause primaire non infectieuse. Néanmoins c'est quelquefois là que des experts laissent leurs recommandations pour améliorer la santé des animaux, car il est plus facile de diagnostiquer l'effet secondaire que de trouver la cause première, qu'elle soit nutritionnelle ou environnementale. Une connaissance des causes primaires d'origine alimentaire, toxicologique ou environnementale améliore le diagnostic et les performances en s'adressant directement à la cause première de la maladie

Lorsqu'un problème pathologique est enregistré, il est judicieux de ne pas s'intéresser seulement aux animaux malades, mais aussi aux autres, conservés de préférence dans leur milieu. Il faut examiner minutieusement le bâtiment, l'abri, l'espace, la propreté, la disponibilité en eau et sa qualité et l'absence de toxicité de l'aliment. Comme certaines souches ne sont pas adaptées à certains environnements, il faut aussi considérer l'aspect génétique. On incrimine trop souvent des maladies traditionnelles facilement évitables plutôt que l'alimentation ou les conditions d'élevage, telles qu'elles sont évoquées ailleurs dans ce livre. Néanmoins les maladies infectieuses, qu'elles soient primaires ou secondaires, jouent un rôle non négligeable dans beaucoup de systèmes de production avicole.

B. La dose infectante (la dilution est la solution à l'infection):

Pour ce qui concerne de nombreuses maladies d'origine pathogène, il faut que l'oiseau soit exposé à des doses élevées de l'agent infectieux pour que la maladie s'installe et se développe. On parle alors souvent de « dose minimale infectante ». Evidemment cette dose minimale varie selon l'âge, l'état général du troupeau, les stress environnementaux, l'aliment et bien d'autres facteurs difficiles à contrôler. L'essentiel est de se souvenir qu'un nombre important de pathogènes sont nécessaires pour engendrer une véritable maladie. Bien plus, pour un agent pathogène donné, la sévérité de la maladie dépend des expositions que l'animal a subies auparavant. C'est ainsi que l'hygiène, en réduisant la quantité de pathogènes, joue un rôle essentiel en aviculture en dépit du fait que l'asepsie complète est impossible à réaliser dans les conditions pratiques. C'est pourquoi on a l'habitude de dire que, face aux problèmes pathologiques, la dilution est la solution à la pollution. Si on est capable d'abaisser la présence de pathogènes au dessous de la dose minimale, l'infection ne verra jamais le jour. Il arrive que l'on réduise cette présence mais pas en dessous de la dose minimale. Dans ce cas, même infectés, les animaux seront moins gravement atteints. En maintenant une bonne hygiène, en changeant souvent par rotation les lieux d'élevage (cages amovibles), en changeant les litières, on peut réduire de façon significative les risques.

Quelquefois il est impossible de protéger les animaux d'un agent pathogène spécifique. Par exemple le virus de la maladie de Marek (voir ci-dessous) répandu dans les follicules du duvet ou des plumes d'oiseaux infectés, se transmet à des animaux sensibles à un niveau infectant. Il est alors illusoire d'utiliser la propreté pour combattre la maladie. Il faut lutter en augmentant les défenses de l'organisme de l'oiseau par vaccination. En effet, les vaccins (voir plus loin) relèvent la dose minimale infectante. Il faut donc se souvenir qu'il y a 3 considérations importantes à faire en pathologie avicole: d'abord minimiser le stress par une alimentation et un élevage corrects, deuxièmement, réduire les possibilités d'exposition des animaux aux pathogènes, troisièmement recourir éventuellement à des vaccins spécifiques selon les maladies. En aviculture la maladie peut être prévenue soit en maintenant la résistance au dessus du niveau de risque, soit en réduisant le risque infectieux au dessous de la capacité de résistance de l'oiseau. (immunité) .

C. Hygiène et biosécurité: Isolation des volailles des agents infectieux.

Il y a deux principes distincts qui permettent d'élever des grands effectifs de volailles. Bien qu'il y ait de nombreuse façons de parvenir à l'hygiène et la biosécurité, deux principes doivent être respectés quoiqu'il advienne.

1) Isolement strict: Si l'on n'introduit pas des pathogènes nouveaux, le nombre de problèmes pathologiques se limite à ceux déjà présents sur l'élevage ou portés par les animaux. Le principe du « all-in all-out » (bande unique) est à la base de l'aviculture moderne. En limitant l'origine du troupeau à une seule source et livrée en une seule fois (tous animaux du même âge) l'exposition aux pathogènes devient très limitée. Parce que beaucoup d'entre eux exigent un hôte porteur, l'élimination d'espèces et d'âges différents et d'origines multiples réduit notablement les risques d'introduction et de permanence des pathogènes. Une brèche est ouverte dans le dispositif du « all-in all-out » quand des éleveurs laissent quelques animaux du troupeau précédent dans les poulaillers durant la période de repos des bâtiments entre deux bandes. Cela laisse subsister un réservoir de pathogènes sur les oiseaux conservés. Il faut absolument tout faire pour éliminer la totalité du troupeau et démarrer une nouvelle bande avec des animaux sains d'une seule origine. De cette façon les vieilles pathologies ne demeureront probablement plus indéfiniment.

Tandis qu'il y a de nombreux vecteurs ou porteurs de maladies incluant les oiseaux, les animaux sauvages et les rongeurs, voire quelques animaux de ferme, la source la plus répandue de maladies reste les volailles. Par dessus tout cela l'homme et le matériel peuvent aussi transmettre les agents pathogènes de façon simplement mécanique. Par exemple, les visiteurs peuvent involontairement transmettre ces agents sur leurs habits et les outils introduits dans les bâtiments. De la même façon, les voisins, les chiens, les chats, les animaux sauvages et d'autres vecteurs peuvent également servir de transporteur involontaire. Puisque tout contact est un risque, il faut réduire les contacts. Bien plus, des pratiques hygiéniques (voir ci-dessous) serviront à limiter le risque d'introduction de maladies.

2) Réduction du nombre de pathogènes. En général il faut une exposition à un nombre important d'agents pathogènes pour qu'il y ait infection (voir ci-dessus). Ce nombre est la dose minimale infectante.

Il varie beaucoup selon de nombreux facteurs comme l'état général, l'âge de l'hôte ou la virulence du pathogène. On peut utiliser cette règle en production avicole pour mettre en place les normes d'hygiène quand cela est possible. Bien que l'environnement puisse rarement être stérile, on peut prendre des mesures qui réduisent le nombre d'agents pathogènes ou potentiellement pathogènes. Ce sont les mesures hygiéniques. Le nombre peut être réduit par élimination physique

Fig. 62. Gros vers ronds et vers cécaux

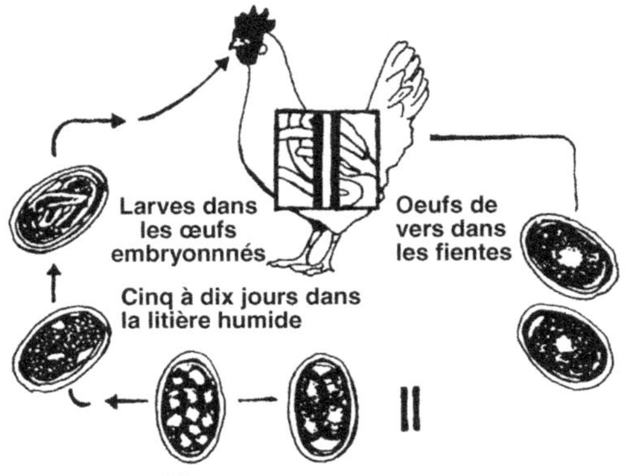

Rompre le cycle. ‖ En traitant les oiseaux pour éliminer les vers adultes femelles ou enlever les œufs embryonnés des litières

Fig. 63. Cycle des coccidies et sévérité de l'infection

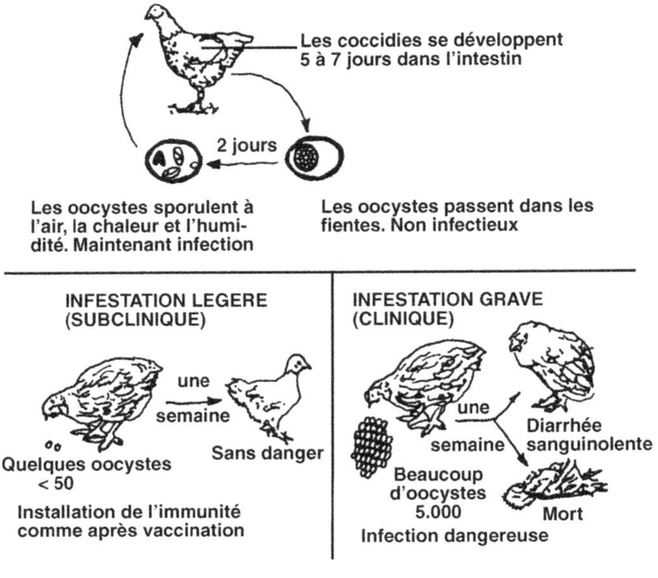

(lavage, remplacement de litière) ou en tuant les pathogènes sur place (désinfection). Habituellement on met en œuvre toutes les mesures en même temps, en commençant par nettoyer puis en appliquant des désinfectants chimiques.

Quand on a ainsi diminué le nombre de pathogènes au dessous du seuil de la dose minimale infectante, on se rend compte que « la dilution réduit bien la pollution » en cas d'arrivée de maladies. On discute au sujet du meilleur désinfectant pour un objectif donné. Toutefois il n'y a pas à discuter l'intérêt de bien laver tout matériel infecté. Terminer par un désinfectant (dont une simple solution d'eau de Javel) est efficace.

En plus du lavage et de la désinfection, le temps de repos contribue aussi à diminuer le nombre de pathogènes dans le milieu. La plupart des pathogènes importants des volailles sont des **pathogènes obligatoires,** c'est à dire qu'ils ne peuvent se maintenir sans la présence d'oiseaux qu'ils infestent. Donc vider totalement un bâtiment de ses animaux fait décroître les pathogènes avec le temps. La survie sur place de ces agents est bien sûr très variable; certains comme la peste aviaire pouvant persister des années tandis que d'autres comme les *mycoplasmes* étant fragiles et disparaissant en quelques heures après le départ des animaux. Les conditions de milieu peuvent aussi influencer la survie des pathogènes; les températures élevées, l'ammoniac, la sécheresse, les rayons solaires et les désinfectants tendant à raccourcir la durée de survie de ces pathogènes. Ce phénomène est exploité en aviculture industrielle utilisant le concept de « all-in all-out ». L'espace de temps entre l'élevage de deux bandes successives joue un rôle important. Dans les grands élevages commerciaux, les vétérinaires et les techniciens de terrain souhaitent allonger cet espace pour mieux l'exploiter, surtout en cas de maladies à disparition rapide. On conseille souvent une durée d'au moins deux semaines (après nettoyage et désinfection) avant l'introduction du nouveau troupeau.

D. Protection par vaccination:

La vaccination est une méthode par laquelle une immunité spécifique est induite en exposant l'hôte à un organisme atténué ou mort qui présente la même « apparence » que le pathogène pour le système immunitaire. Tous les micro-organismes pathogènes offrent au système immunitaire des molécules de surface qui sont spécifiques à chacun d'eux. Ces molécules (épitopes) qui sont reconnues par le système immunitaire, sont uniques et spécifiques. En exposant le système immunitaire de l'oiseau au vaccin **avant** l'infection, les risques d'infection ultérieure diminuent. Il faut surtout exposer les animaux au vaccin avant l'infestation par le pathogène. Si la vaccination a lieu après celle-ci, elle ne sera d'aucun secours pour l'animal et, même, dans certains cas sera néfaste. La sélection du vaccin est basée sur l'histoire de la maladie dans un milieu donné et la prévalence de cette maladie dans la région. Il faut noter qu'il existe des maladies universellement répandues et contre lesquelles la vaccination est toujours recommandée (exemple: la maladie de Marek).

1) Importance du choix du vaccin (sérotype): Quelquefois un seul agent infectieux peut exister sous des « apparences » variées au système immunitaire de la volaille (sérotypes multiples). Dans ce cas il est essentiel que le vaccin choisi soit reconnu par le système immunitaire comme agent infectieux de façon à induire une immunité protectrice. C'est pour cette raison que tous les vaccins ne présentent pas la même capacité de lutte contre une maladie donnée. Il faudra alors isoler l'agent responsable par un diagnostic de laboratoire et déterminer le sérotype afin de choisir un vaccin efficace pour le troupeau considéré et les suivants.

Le fait que certains agents infectieux puissent présenter un sérotype particulier parmi beaucoup d'autres est la raison pour laquelle la vaccination n'est pas toujours efficace contre ces maladies (exemple: le grand nombre de sérotypes de la grippe influenza aviaire et la vaccination réalisée seulement dans certaines circonstances). Cependant, pour de petits cheptels et dans des zones reculées il est recommandé de vacciner contre: la maladie de Marek, la maladie de Newcasttle, et la Bronchite Infectieuse, au couvoir si possible. Les autres vaccinations ne sont utiles que dans certaines circonstances décrites dans d'autres ouvrages.

2) Relation entre de la vaccination et la dose infectieuse: Il est important de se souvenir que la protection par vaccin est reliée également à la dose infectieuse, discutée ci-dessus. Lors d'exposition à des doses supérieures, l'immunité peut souvent être dépassée. Le degré de protection et d'immunité est donc relatif. La vaccination protège le plus souvent contre des doses infectantes élevées (exposition à un nombre important d'agents pathogènes). Si l'immunité induite est assez élevée pour protéger contre l'attaque à laquelle les animaux sont exposés, ils deviendront plus protégés encore contre la maladie en question. Cependant le simple fait qu'un troupeau ait été vacciné ne signifie pas qu'il est protégé de façon absolue. En outre, il peut exister de nouveaux sérotypes contre lesquels la vaccination n'agit pas. Il faut donc conserver des mesures strictes d'hygiène et de désinfection même avec des animaux vaccinés.

E. Problèmes pratiques d'identification des maladies

Le traitement d'une infection par un antibiotique est vraiment un effort désespéré de lutte en l'absence de diagnostic précis et de connaissance de la sensibilité de l'agent causal au médicament choisi. Eviter les contaminations est décidément plus sérieux qu'un traitement systématique, en particulier dans des circonstances d'élevage un peu frustres où le diagnostic n'est pas possible. Les maladies d'origine virale ou fongique sont insensibles aux antibiotiques utilisés en aviculture. De même les vers, les acariens et les protozoaires pathogènes (exemple: les coccidies) réclament tous des traitements très spécifiques et ne sont pas sensibles aux antibiotiques usuels. Les maladies d'origine bactérienne peuvent parfois être combattues par des médicaments antibactériens appropriés. Toutefois ils sont nombreux à résister à ces médicaments à moins qu'un diagnostic de laboratoire montre qu'un médicament bien précis est efficace. Il arrive bien souvent que des laboratoires de diagnostic compétents ne soient pas accessibles aux éleveurs habitant des zones retirées; il est difficile d'imaginer alors qu'un médicament est efficace. On fonde trop d'espoirs en général dans les traitements antibactériens pour le maintien des troupeaux en bonne santé, particulièrement les petits troupeaux isolés. Néanmoins, il est quelquefois nécessaire d'identifier et de caractériser un problème pathologique dans le but de prévention pour les troupeaux suivants ou pour le traitement d'infestations bactériennes pour lesquelles il ne semble pas y avoir d'espoir.

1) Les bactéries pathogènes: Les bactéries sont ubiquitaires (trouvées un peu partout) dans le monde et il existe des milliers de bactéries identifiées. La plupart ne sont pas capables d'induire des maladies chez les volailles; d'autres peuvent le faire si l'opportunité (immunodépression, maladie parallèle, blessure) se présente. Un autre groupe est représenté par celles qui sont principalement pathogènes et se propagent surtout ou uniquement chez l'oiseau hôte. Ces dernières sont des pathogènes obligatoires et constituent le groupe le plus virulent.

Les bactéries pathogènes produisent fréquemment des toxines causant des sorties de sang hors des petits vaisseaux (hémorragies) que l'on peut observer au dos de la graisse abdominale, dans les tissus adipeux qui entourent le cœur et quelquefois autour des viscères. Ces toxines attirent des cellules qui forment du pus aux endroits affectés. La présence de nombreuses hémorragies ou de pus sont souvent les signes d'une maladie bactérienne qui peut être traitée par un antibiotique adapté.

2) Les virus pathogènes: Ils diffèrent des bactéries pathogènes sur de nombreux points. D'un point de vue pratique, les maladies à virus causent vraisemblablement des hémorragies multiples observées avec les bactéries et entraînent moins fréquemment des accumulations de cellules formant du pus. Ainsi les maladies qui ne provoquent

Anatomie du poulet

Fig. 64. Caractéristiques externes

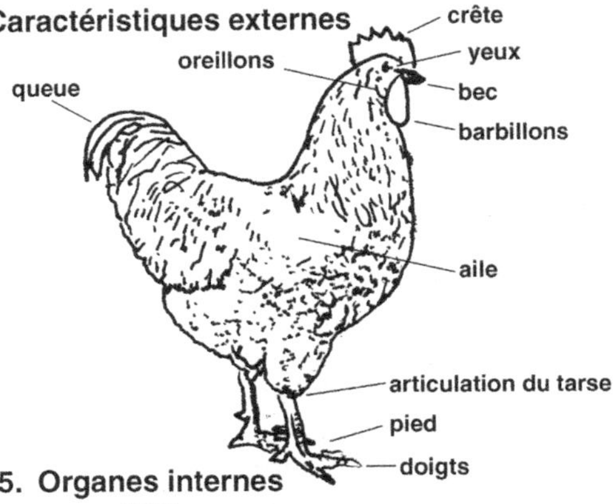

Fig. 65. Organes internes

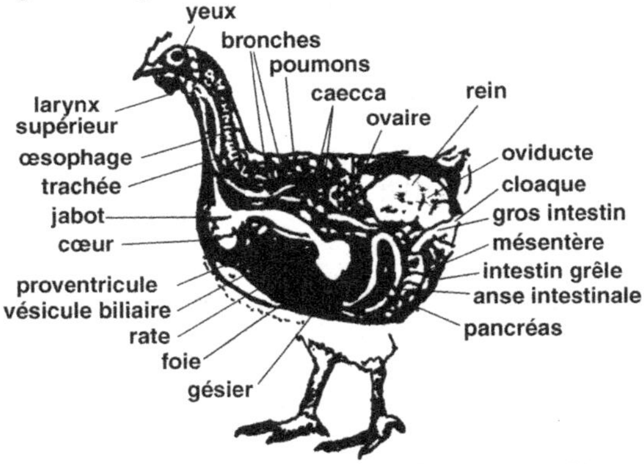

Fig. 66. Système digestif

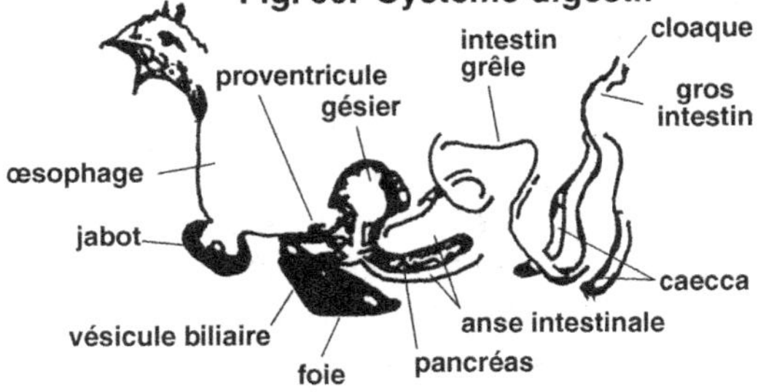

pas des hémorragies généralisées et la sécrétion de pus sont plus vraisemblablement d'origine virale. La prévention de ces infections chez les volailles est vraiment le seul moyen d'éviter la maladie et les pertes de production. Elle est basée sur l'un des 2 mécanismes suivants: éviter l'exposition du troupeau (hygiène et biosécurité) et vacciner. Le lecteur doit se souvenir que la nutrition générale et les conditions d'élevage contribuent à la sensibilité des animaux et la sévérité des maladies virales.

3) Les champignons pathogènes: Les levures, les moisissures et les champignons appartiennent à la famille des champignons. Ce sont des organismes très simples qui partagent un certain nombre de caractéristiques avec les cellules des volailles. Il s'est donc avéré difficile de trouver des produits chimiques efficaces contre ces agents en élevage commercial. Les champignons ne sont pas sensibles aux antibiotiques. C'est pourquoi les traitements avec ces produits, en éliminant la flore non pathogène qui est en compétition naturelle avec les champignons pour sa nutrition et l'espace, favorisent le développement de ces derniers. En effet, la plupart des champignons pathogènes sont opportunistes. Par exemple, une maladie respiratoire grave appelée pneumocytose (pneumonie de la couveuse) est causée par l'inhalation de nombreuses spores de champignons (souvent *Aspergillus fumigatus*) à cause de l'atmosphère moisie d'un bâtiment. Comme il n'existe pas de traitements efficaces, la seule façon de se protéger est d'éviter les conditions d'environnement qui favorisent le développement des champignons.

Il est important de noter que les mycotoxines (*myco* = champignons) sont des toxines synthétisées par des champignons qui, par eux-mêmes, ne sont pas pathogènes pour les volailles. Ces catégories de champignons peuvent contaminer les plantes portant des céréales, même avant la récolte. Elles sont plus abondantes lors des stress subis par les plantes (sécheresse); ce qui soutient l'idée que ces toxines sont produites avant récolte. Cependant le plus gros problème de ces toxines survient après, lors du stockage et du transport des grains. Les conditions chaudes et humides conviennent particulièrement aux champignons qui les produisent en contaminant les céréales. Généralement une humidité inférieure à 14% ne permet pas la croissance des champignons produisant les mycotoxines.

Dans certaines zones chaudes et humides, surtout quand les installations de stockage ne sont pas idéales, on ajoute des substances inhibitrices des moisissures aux grains ou aux aliments composés afin de ralentir le développement des champignons et la production de toxines (voir le chapitre sur la conservation des grains). Il faut noter que l'addition de substances antifongiques n'empêche pas les mycotoxines déjà existantes d'agir; elle permet seulement de prévenir la poursuite du développement des champignons.

F. Thérapie chimique

Le traitement des maladies en aviculture est parfois décevant à cause de la résistance des germes bactériens à de nombreux antibiotiques.

Néanmoins ce traitement peut être utile et conseillé dans certains cas. Il existe des maladies d'origine bactérienne, y compris les Mycoplasmes, qui répondent aux traitements par antibiotiques (tétracyclines, tylosine) et l'entérite nécrotique (bacitracine, streptomycine, néomycine et pénicilline). Les maladies bactériennes courantes, comme le choléra aviaire, la Colibacillose et les Salmonelloses sont souvent résistantes aux antibiotiques usuels et il est fortement recommandé de tester leur résistance au préalable. Il faut se souvenir que le traitement antibiotique est un jeu de toxicité sélective, essayant d'empoisonner un micro-organisme sans gêner les autres. Ainsi certains traitements inadaptés peuvent être plus nocifs que neutres. Ils peuvent également affaiblir la flore normale, augmentant la sensibilité aux germes et champignons pathogènes, comme signalé précédemment. Pour éviter ces effets néfastes des antibiotiques il est conseillé de se référer aux recommandations des fabricants.

G. Considérations sur la vaccination générale

Les vaccins sont parfois onéreux, difficiles à appliquer et générateurs de réactions vaccinales légèrement gênantes pour les animaux. Il est donc primordial de choisir une stratégie vaccinale qui protégera les troupeaux d'attaques infectieuses qu'ils sont capables de rencontrer. Il peut être nécessaire d'appliquer une deuxième et une troisième immunisations; il est alors important de déterminer le vaccin le mieux adapté au milieu où vivent les oiseaux selon la région et le type de pathogène auquel les animaux auront vraisemblablement à faire face. Dans certaines régions il faudra envisager des vaccinations plus importantes et donc plus onéreuses que dans d'autres. Ce que l'on envisage de faire avec les animaux est également important, les troupeaux destinés à la reproduction ou la production d'œufs nécessitant plus de rappels vaccinaux que ceux destinés à être abattus à 6 ou 7 semaines.

Une stratégie habituelle de vaccination pour les poulets de chair comprend le vaccin contre la maladie de Marek à 18 jours d'incubation (injection in ovo) ou à l'éclosion, et le vaccin contre la maladie de Newcasttle et la bronchite infectieuse au couvoir (boîte de nébulisation). Des vaccins contre la maladie de Gumboro sont disponibles pour application à la naissance. Cependant de multiples souches peuvent induire des niveaux d'anticorps maternels supérieurs à ceux des vaccins morts. Généralement il est préférable de se fournir en poussins venant de troupeaux parentaux présentant des titres élevés et significatifs contre la Gumboro. Les vaccins vivants atténués sont disponibles habituellement et sont utilisés entre 10 et 16 jours (eau de boisson) lorsque l'immunité d'origine maternelle s'atténue. On les conseille quand des problèmes de Gumboro surviennent vers 21 jours.

Dans certaines régions les jeunes poulettes sont aussi vaccinées contre la laryngotrachéite, l'encéphalomyélite, le coryza infectieux et la peste aviaire. Un rappel contre la Newcasttle et la bronchite infectieuse est habituel chez les animaux destinés à devenir des pondeuses. Des recommandations spécifiques varient selon les zones et les vaccins. Dans les élevages en petits troupeaux pratiquant le « all-in all-out » on peut notablement simplifier les programmes de vaccination; peu de vaccinations après la sortie du couvoir sont alors nécessaires. Si une maladie particulière est survenue à un endroit, il est prudent de pratiquer une vaccination sur les troupeaux suivants. Il faut bien suivre les conseils des entreprises dans l'utilisation des vaccins et la consultation d'agents vétérinaires de terrain est parfois utile pour apprendre quels sont les vaccins actifs dans un zone donnée.

H. Considérations sur les diagnostics de maladies

1) Importance des diagnostics adaptés: alors que les informations discutées ci-dessus fournissent des renseignements généraux utiles, les problèmes spécifiques exigent un diagnostic adapté. Dans certains cas les diagnostics exacts sont difficiles même pour des vétérinaires expérimentés, sans l'aide d'un laboratoire. Mais comme cela n'est pas toujours possible, il est utile d'analyser les données disponibles et de formuler un diagnostic présumé ou « de terrain ».De tels diagnostics sont le mieux réalisés par un processus d'élimination, plutôt qu'en essayant de décider d'une cause dans un cas particulier. La plupart des vétérinaires de terrain essaient de déterminer l'étiologie (bactéries, virus, champignons, toxines ou parasite...) et d'identifier les organes atteints. De cette façon les possibilités peuvent être rapidement limitées sans négliger des hypothèses importantes. L'exposé suivant peut aider à porter un diagnostic de terrain. Chaque fois que cela est possible, on peut s'aider d'un diagnostic de laboratoire; ce qui permettra à l'avenir d'anticiper des maladies similaires.

2) Identification d'un type de maladie: Quand on a conclu qu'un problème était d'origine infectieuse, l'étape suivante consiste à mettre en place des diagnostics préliminaires relatifs à l'agent suspecté. Cela est parfois difficile sans le concours d'un laboratoire. Néanmoins, fréquemment un diagnostic présomptif de terrain peut être fait, tout en espérant que plus tard il sera confirmé correctement par le laboratoire. La première chose est d'estimer s'il s'agit d'un virus, d'une bactérie ou d'un parasite interne ou externe (voir ci-dessous).

Quand on se souvient que beaucoup de virus occasionnent la maladie par destruction de cellules à l'occasion de la multiplication virale, il est aisé de comprendre que les maladies virales se ressemblent beaucoup.

Les bactéries pathogènes, d'autre part, disposent d'une gamme de moyens pour agresser l'hôte, conduisant à une variété de lésions. Les bactéries peuvent produire de multiples toxines qui laissent des signes révélateurs de leur origine. Pour les maladies habituelles des volailles ces toxines attirent fortement les hétérophiles, qui sont des cellules servant de première ligne de défense (phagocytose). On observe alors une accumulation de ces hétérophiles sous forme de pus et la présence d'exsudats purulents est souvent le signe qu'une bactérie pathogène est à l'œuvre. Ces toxines engendrent assez souvent une fragilité des vaisseaux, voire leur rupture, engendrant des hémorragies. Ces petites hémorragies, appelées pétéchies, sont souvent observables à la base du tissu adipeux par nécropsie (autopsie).

Plus communément les pétéchies se remarquent sur le tissu adipeux abdominal ou sur celui qui entoure le cœur.

Heureusement il y a peu de champignons pathogènes chez les volailles et les plus répandues de ces maladies (mycose du jabot, arpergillose) présentent des symptômes qui sont très caractéristiques.

Les maladies à virus occasionnent une inflammation et l'absence de pus ou d'hémorragies de type pétéchies. Comme la replication du virus entraîne la mort des cellules et celle des tissus, des érosions tissulaires et des ulcères sont observés. La congestion des vaisseaux sanguins sans hémorragies est un symptôme souvent associé à une infection virale. Lorsqu'elle est accompagnée de l'absence de pus l'étiologie virale est le meilleur prognostic.

3) Identification des systèmes atteints: Une autre voie de réduction du nombre de maladies suspectées être à l'origine du problème étudié est de déterminer le système atteint. Lorsque la classification (toxique, nutritionnel, infectieux) d'une maladie a été faite, on doit prendre en considération le système atteint. Beaucoup de maladies sont assez spécifiques relativement à ce système affecté de façon primaire. Par exemple, des maladies nutritionnelles primaires touchent la solidité des os (par exemple le rachitisme, l'ostéomalacie) et d'autres atteignent les muscles squelettiques ou la fonction cérébrale (avitaminose E, carence en sélénium). Mais, inversement, des maladies virales primaires affectent le système respiratoire (bronchite infectieuse), d'autres à la fois le système respiratoire et le système digestif (grippe influenza aviaire, maladie de Newcastle), tandis que d'autres encore sont surtout constatées au niveau digestif (entérite hémorragique du dindon). Le raisonnement à partir du système affecté est une bonne voie pour réduire le nombre d'éventualités à prendre en considération (diagnostic différentiel). L'exposé suivant sur les maladies spécifiques ne s'organise pas seulement selon le type de pathogène mais aussi selon le système atteint.

4) Identification de la condition de l'animal entier: Souvent la condition du corps de la volaille est assez indicative de la durée de la maladie particulière et, bien évidemment, ces caractéristiques sont de toute première importance lorsqu'on considère les effets sur l'efficacité de la production. Les muscles pectoraux des poulets et des dindons présentent normalement une forme convexe prononcée quand on les observe du bréchet vers les côtes. Les animaux de type Leghorn ont normalement des formes plus rectilignes à ce niveau. Quand on observe chez des poulets de chair ou des dindons que l'aspect convexe disparaît, cela signifie que les animaux utilisent leurs muscles à des fins énergétiques et, donc, qu'ils jeûnent (le jeûne peut très bien advenir en présence d'aliment). De la même façon, la concavité observée chez des animaux de type Leghorn (du bréchet vers les côtes) suggère fortement que ces animaux aussi ne consomment plus d'aliment.

La quantité de tissus adipeux est également un précieux indicateur de la durée et de la sévérité du jeûne. Normalement, parallèlement aux changements très nets des muscles pectoraux, est associée une réduction prononcée de l'état d'engraissement sous-cutané et abdominal. Si le jeûne se poursuit, le dernier dépôt adipeux qui disparaît est celui qui entoure le cœur. Si ce tissu est absent, le jeûne a été très sévère.

5) Diagnostic de terrain: Il faut se souvenir que chaque maladie présente des aspects variables selon la souche de l'agent pathogène en cause, l'état d'évolution de la maladie lors de l'examen de l'animal ou la présence d'autres troubles associés à celle-ci (complications). Il est donc parfois d'un grand secours d'examiner le troupeau plusieurs fois de suite jusqu'à ce que des lésions caractéristiques apparaissent. Comme un même agent peut atteindre différents systèmes, quelques maladies sont citées sous plusieurs systèmes (voir plus bas).

I. Maladies portant sur le système nerveux

Maladie de Marek: c'est une maladie qui cause des dommages aux nerfs et engendre des tumeurs (cutanées ou internes). Elle est souvent observée tôt dans la vie de l'oiseau –1 à 3 mois) et appelée la « maladie 7-11 » à cause du pic d'incidence qui survient au cours de ces mois d'âge. Les animaux atteints manifestent des paralysies de l'aile ou de la patte, une patte traînant en arrière ou une aile tombant. A l'examen du cadavre on remarque des nerfs enflés (tailles différentes selon le côté). Les tumeurs associées aux follicules des plumes ou, plus rarement, aux organes internes peuvent plus ou moins exister. La prévention est basée sur la vaccination au couvoir.

Le botulisme: c'est une maladie par intoxication due à l'ingestion d'une toxine pré-existant dans de la viande en putréfaction , dans des insectes ou des végétaux. Les oiseaux présentent une paralysie flasque (boîterie) souvent référencée comme «botulisme».On peut observer la chute des plumes, mais pas d'autres lésions. La guérison n'est possible qu'après élimination de la source de contamination. L'enlèvement des cadavres est impérative car la bactérie en cause peut continuer de se multiplier sur ceux-ci et la toxine s'accumuler dans les asticots qui attirent les volailles.

Tremblement épidémique: c'est une affection virale, connue aussi sous le terme d'encéphalomyélite aviaire, infestant les poulets et les dindonneaux. Les animaux atteints manifestent des tremblements de la tête, du cou et des pattes. En retournant les animaux les tremblements s'accentuent. Des sujets issus de troupeaux immunisés peuvent être résistants. Des vaccins spécifiques existent.

Carence en vitamine E et sélénium: La maladie est observée souvent chez des poulets et des dindonneaux âgés de moins de 2 mois. L'ataxie, la chute sur le dos et la perte de l'équilibre expliquent le nom de « poulet fou ». L'hémorragie et l'amollissement du cerveau sont souvent visibles sur l'animal disséqué. La suppression de la carence constitue à la fois le traitement et la prévention.

L'aspergillose: Le champignon à l'origine de cette maladie peut s'attaquer au cerveau induisant des symptômes nerveux. Les troubles respiratoires sont plus aisément diagnostiqués (voir ci-après).

Le choléra aviaire: La bactérie causant cette maladie respiratoire affecte parfois les os du crâne et le cerveau, engendrant des signes nerveux. Les troubles respiratoires et les formes chroniques sont plus aisément diagnostiqués (voir ci-dessous).

J. Maladies à tumeurs

La maladie de Marek: Cette maladie à virus provoque des signes de paralysie facilement identifiables (voir ci-dessus) et aussi des tumeurs de la peau et, très souvent, des viscères. L'incidence élevée chez les animaux jeunes (1 à 3 mois) permet de la distinguer de la leucose lymphoïde. La prévention consiste en la vaccination dès le couvoir (voir section IV, ci-dessous).

Leucose aviaire à virus: C'est un cancer viral à développement lent de l'oiseau (des virus voisins s'attaquent aux dindons). Le virus peut être transmis verticalement par les parents ou introduits dans les troupeaux. Les tumeurs viscérales sont observées sur des animaux émaciés et souvent accompagnées d'autres sur le foie et les reins. La maladie tend à atteindre une fréquence faible à l'intérieur d'un même troupeau et dure pendant des mois avec quelques cas de mortalité. Cette maladie chronique et lente, en l'absence de signes nerveux, aide à la distinguer de la maladie de Marek (voir plus haut). Aucun vaccin n'est disponible.

K. Maladies atteignant les muscles

Origine nutritionnelle: La malnutrition, à travers les carences en nutriments spécifiques, la limitation de l'accès à la nourriture, un aliment de mauvaise qualité ou des maladies qui interfèrent avec le comportement alimentaire, la digestion ou l'assimilation causent une perte de poids associée à du gaspillage (voir plus haut). De plus, les signes nerveux signalés précédemment, les carences particulières en vitamine E et en Sélénium, entraînent la faiblesse musculaire caractérisée par des bandes ou des masses blanches sur les muscles pectoraux et ceux des pattes. Des lésions semblables peuvent provenir de carences en acides aminés soufrés.

Malabsorption: Plusieurs maladies à virus ont été associées à des troubles de la malabsorption. Plus communément, celle-ci peut être causée par une infestation faible ou modérée par des coccidies, comme nous le décrivons ci-après. Observer des aliments non digérés (transit intestinal) dans les fientes est un signe de malabsorption.

Infections par mycoplasmes: Quelques formes de cette maladie bactérienne provoquent l'enflure des articulations et des gaines des tendons, souvent plus visible au niveau des tarses. Le liquide des articulations et des gaines de tendons est collant et a été décrit comme semblable à du miel. Le traitement par des antibiotiques, tels que les tétracyclines ou la tylosine, améliore l'état de l'animal (cette bactérie ne développe pas facilement une résistance). Il est toutefois préférable de conserver des troupeaux indemnes de mycoplasmes plutôt que de traiter. Comme ceux-ci peuvent être transmis des parents aux enfants via l'œuf, il est important d'obtenir et de conserver des troupeaux de reproducteurs sans mycoplasmes grâce à la technique « all-in all-out ».

L'arthrite virale: Cette maladie provoque l'enflure des tendons et de leur gaine juste au dessus du tarse. Ces articulations et ces tendons, ainsi que leurs gaines, peuvent présenter des exsudats sanguinolents et l'on peut observer une hémorragie dans le tendon lui-même. Cela peut causer la rupture du tendon conduisant l'animal à ne plus se servir de son articulation. Des vaccins sont disponibles. Les poussins doivent provenir de reproducteurs indemnes de ce réovirus par « all-in all-out ».

L'arthrite bactérienne: Outre les infections par *mycoplasmes* (voir ci-dessus), toute infection bactérienne passant par la voie sanguine (septicémie) peut conduire à des infections articulaires et des boiteries. Quand cela arrive, plusieurs articulations sont atteintes, bien que celles du tarse soient la cible préférentielle.

Souvent les boiteries et les problèmes articulaires associés à des infections bactériennes septicémiques deviennent visibles après que le cause originelle de l'infection ait été supprimée. Les exemples classiques sont le choléra aviaire, les problèmes de voûte plantaire, les salmonelloses, les colibacilloses respiratoires et entériques et même des contaminations bactériennes secondaires associées à des coccidioses. Ces infections sont difficiles à combattre car beaucoup d'antibiotiques ne pénètrent pas jusqu'aux articulations; les traitements sont donc souvent décevants chez les volailles. Eventuellement on peut tenter cette thérapie si l'agent causal a bien été identifié et que l'on a trouvé l'antibiotique adapté.

Le choléra aviaire chronique: Cette maladie survient le plus souvent à la fin d'une attaque des formes aiguës ou respiratoires du choléra (voir plus loin, section V) , lorsque les animaux semblent se guérir. Elle se caractérise par l'épaississement des articulations, des barbillons et des voûtes plantaires. A l'autopsie l'exsudat contient du pus et semble caséeux; on peut le trouver dans les yeux (sacs de la conjonctive) dans les sinus juste sous les yeux (sinus infraorbital). Les signes nerveux (torsion du cou, balancement de la tête, regard vers les étoiles) sont quelquefois signalés, car les os du cou sont impliqués. Les antibiotiques sont en mesure de réduire la sévérité de la maladie mais ce traitement n'est pas totalement satisfaisant, car ces lésions subsistent souvent longtemps.

L. Maladies causant une immunodépression

La maladie de Marek: Cette maladie virale se répand par les follicules plumeux très tôt dans le vie du poussin. On recommande une vaccination précoce au couvoir. Le virus entraîne des paralysies et conduit à des infiltrations lymphocytaires dans les nerfs périphériques; des individus présentent une aile pendante ou traînent une patte. A l'autopsie on remarque des nerfs enflés en comparaison bilatérale. Ces cellules s'infiltrent également dans l'iris causant une décoloration voire de la cécité.

Les follicules plumeux sont enflés et rougis. Des tumeurs isolées sur les viscères sont les plus répandues, mais les animaux malades peuvent présenter chacun des symptômes signalés. Cela supprime les défenses immunitaires et ouvre la porte à des agressions secondaires. La vaccination est possible. Des cas de virulence aiguë non contrôlés par les vaccins habituels (herpes virus de dinde, sérotype 3) nécessitent des vaccins spéciaux.

La maladie de Gumboro: La maladie immunodépressive des poulets (particulièrement vers les âges de 3 à 6 semaines) provoque de la diarrhée, de la déshydratation et du picage du cloaque et du croupion. L'immunodépression engendre un sensibilité progressive tout le long de la vie aux autres maladies. Le diagnostic pratique est effectué à l'autopsie par examen de la bourse de Fabricius qui est enflammée et parfois hémorragique au début de la maladie, et qui rapidement s'atrophie en perdant de l'importance. La vaccination n'est pas nécessaire dans les zones où la maladie n'est pas signalée. La vaccination des reproducteurs peut protéger les poussins durant plusieurs semaines. Il existe des vaccins pour traiter les poussins dans les zones où la maladie est endémique et bien identifiée; on administre le vaccin à l'éclosion ou dans l'eau de boisson ou dans l'oeil entre les âges de 1 et 2 semaines. Le choix de programmes de vaccination efficaces n'est pas aisé et peut exiger un diagnostic de laboratoire ou l'intervention d'un vétérinaire.

Mycotoxicoses: Les mycotoxines sont des molécules toxiques produites par certains champignons. Il existe plus de 200 mycotoxines identifiées qui sont susceptibles d'affecter les volailles. Les plus connues sont l'Aflatoxine qui induit l'aflatoxicose, caractérisée par des hémorragies généralisées, des foies pâles et fragiles (dus aux infiltrations de lipides) et par de l'immunodépression. D'autres occasionnent la formation de calculs rénaux et une fonction rénale déficiente (ochratocine), des lésions hémorragiques du palais (toxine T2), et beaucoup d'autres dans des conditions assez peu répandues. Bien qu'il existe quelques additifs alimentaires qui puissent réduire certains effets de ces toxines, ces additifs sont de peu d'intérêt dans des conditions non commerciales. La prévention des moisissures par un séchage approprié et une bonne conservation des grains est essentielle pour éviter l'apparition des toxines après la moisson (voir le chapitre de ce livre relatif au stockage des grains). Il faut noter que quelques toxines importantes, comme l'aflatoxine, peuvent se former en grande quantité dans les champs avant la récolte. Les conditions de stress des végétaux (sécheresse) augmentent la sensibilité des plantes aux champignons produisant ces toxines; d'où leur présence avant la moisson. Dans les zones où la conservation des grains ou des aliments complets est difficile vis à vis de l'humidité, on dispose de produits empêchant la croissance des champignons. Ces produits ne détoxifient cependant pas les aliments déjà contaminés.

M. Maladies affectant le système respiratoire

Conditions mettant en cause les yeux et la face

Variole aviaire: Cette maladie virale peut se déplacer à des kilomètres grâce aux moustiques et autres insectes ayant sucé le sang d'oiseaux infectés. Le virus est très stable dans l'environnement et difficile à éradiquer une fois installé. Dans un troupeau il tend à diffuser d'un animal à l'autre lentement par contact direct avec des lésions ou un bec infecté.

Fig. 67. Poulailler en bambou avec toit de chaume. Noter les protections sur les poteaux contre les rongeurs et les serpents

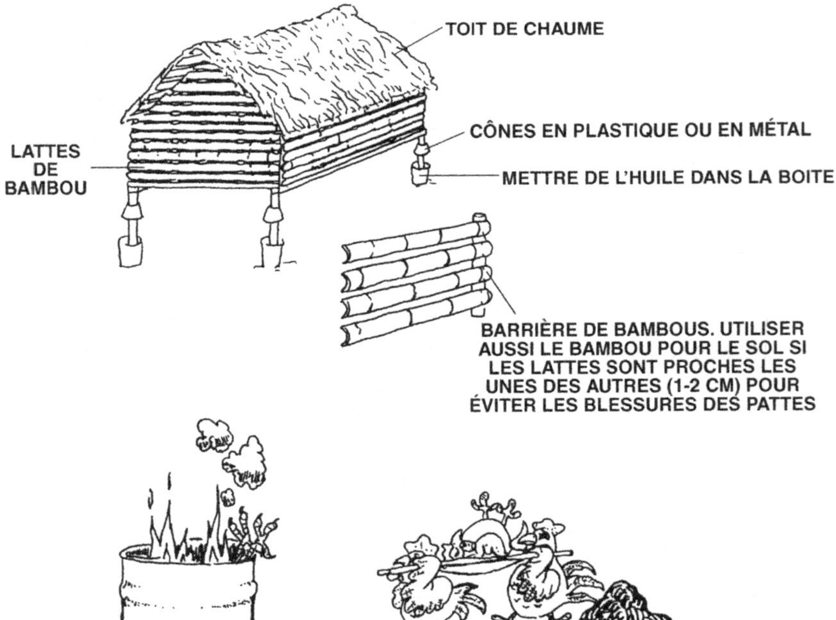

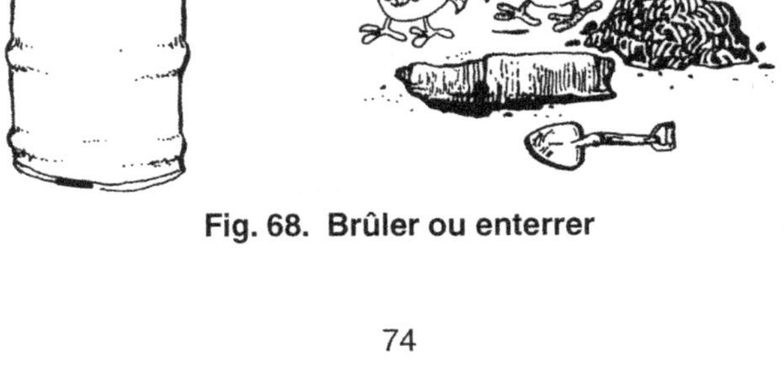

Fig. 68. Brûler ou enterrer

Les animaux atteints présentent des plaies sur des zones déplumées ressemblant à des tumeurs qui peuvent être associées ou non à des croûtes, selon le stade d'évolution. Des plaques de couleur bronzée peuvent se former sur le palais ou près du larynx infectés lors du picage des plaies d'autres animaux. Les zones proches des yeux sont souvent concernées. Les animaux malades guérissent complètement à moins qu'affaiblis par des lésions secondaires ou par le jeûne ils deviennent incapables de trouver l'eau et l'aliment du fait des difficultés à boire et manger. On peut se prémunir de la maladie en vaccinant avec un applicateur à deux pointes traversant le membrane alaire du poulet (la cuisse chez le dindon). La vaccination réussie se traduit, une semaine plus tard, par une plaque ou prise de vaccination à l'endroit où le vaccin a été appliqué. Il faut souvent vacciner tous les troupeaux qui se suivent, car le virus se maintient dans le milieu.

Le coryza infectieux: Il est dû à une bactérie (*Hémophilus paragallinarum*) chez le poulet, le faisan et la pintade. Les premiers effets apparaissent sur la tête et le système respiratoire, causant un enflure de la tête (œdème), le remplissage des sinus sous les yeux (sinus infra-orbital) avec du pus solide et d'aspect caséeux et des éternuements.

Les oiseaux atteints deviennent plus sensibles aux infections secondaires telles que *Eschéria Coli* et *Mycoplasmes* qui peuvent envahir le système respiratoire inférieur, compliquant le diagnostic. Le traitement par des antibiotiques (Tétracyclines, spectimycine...) efficaces contre l'agent qui est à l'origine de la maladie peut réduire sa gravité , mais ils ne l'élimineront pas totalement. Le micro-organisme responsable est très fragile quand il est à l'extérieur de l'hôte et disparaît en quelques jours entre deux troupeaux à la suite de la technique du « all-in all-out ». En principe le remplacement par des animaux indemnes de coryza prévient l'apparition de la maladie dans le troupeau suivant, à moins qu'elle ne soit réintroduite par négligence.

Choléra aviaire: La forme chronique du choléra (discuté dans la section III, ci-dessus) peut causer un grossissement de la tête, de la toux et la formation de pus dans les barbillons. La forme la plus aiguë qui précède la forme chronique est évoquée ci-dessous.

• Formes limitées au système respiratoire supérieur

Le coryza infectieux: Tête enflée, éternuements, sinus pleins et distendus sous les yeux (sinus infraorbitaux). Les détails sont discutés ci-dessus.

Bronchite infectieuse: C'est l'une des maladies respiratoires à virus les plus contagieuses. Elle atteint d'abord le système respiratoire supérieur, mais entraîne un forte baisse de ponte et la formation d'œufs anormaux présentant un albumen fluide. Chez le poussin, elle peut provoquer des bouchons de mucus qui tendent à asphyxier les oiseaux, surtout si ceux-ci sont excités. Les bouchons de mucus sont observés dans la trachée lors de l'autopsie. Les animaux plus âgés manifestent des signes respiratoires de la partie supérieure (toux) et des écoulements nasaux (épaules sales). L'apparition rapide (quelques jours) et la forte proportion de sujets atteints (près de 100%) facilitent le diagnostic. Des vaccins sont disponibles pour administration en couvoir par « spray » ou par inoculation dans l'œil. Les oiseaux conservés pour la ponte ou pour la reproduction peuvent recevoir une vaccination de rappel avant l'entrée en ponte. Le traitement contre les germes secondaires est parfois tenté mais pas toujours satisfaisant. En raison de la haute contagiosité de cette maladie, les mesures de biosécurité sont habituellement inefficaces. La vaccination est très fortement recommandée, spécialement dans les zones où il existe beaucoup d'élevages.

Laryngotrachéite: Cette maladie respiratoire virale aviaire du poulet et du dindon touche la trachée et se répand plus lentement que la Bronchite infectieuse. L'infection virale cause une inflammation de la trachée et des hémorragies. L'apparition de sang en bordure du bec et des narines, accompagnée de toux et d'éternuements (répandant du sang dans le milieu), est révélatrice de la maladie. Dans les zones où sont élevés en extérieur de grands nombres de poulets la maladie peut être confondue avec une infestation par des vers. Les vaccins sont disponibles, mais la technique du « all-in all-out » et la biosécurité sont préférables. N'utiliser la vaccination qu'en cas de nécessité. Le traitement par des antibiotiques contre les germes secondaires est tentée mais peu satisfaisante.

Bordetellose (dinde): Il s'agit d'une maladie importante de l'appareil respiratoire supérieur de la dinde, d'origine bactérienne. Elle est connue aussi sous le nom de Coryza de la dinde et est causée par la bactérie *Bordetella avium.* Une toux importante et d'autres signes de l'appareil respiratoire supérieur sont habituellement constatés (la maladie est semblable à la toux du chenil chez le chien). Elle peut entraîner un amincissement du cartilage de la trachée, conduisant à une trachée aisément pliable qui est responsable de la mort par asphyxie des dindons. Le germe est quelquefois sensible aux antibiotiques mais le traitement reste souvent inefficace. Une désinfection très minutieuse entre deux bandes, incluant les mangeoires et les abreuvoirs, est nécessaire pour éliminer l'agent causal par « all-in all-out ». Elle tend à revenir sur place, lors d'une mauvaise désinfection, d'une contamination persistante des abreuvoirs et d'un temps de repos trop court entre troupeaux.

Mycoplasmoses: Plusieurs espèces de *mycoplasmes* sont susceptibles d'engendrer une maladie de l'appareil respiratoire chez la dinde et le poulet (et d'autres espèces). D'importantes espèces de *mycoplasmes* entraînent une inflammation de l'appareil respiratoire supérieur avec accumulation de mucus et des petites quantités de pus dans les sinus, le plus souvent dans le sinus infra-orbital sous forme de fortes grosseurs sous les yeux. L'exsudat associé à la mycoplasmose de l'appareil respiratoire supérieur est souvent plus fin que celui observé avec le coryza infectieux (voir ci-dessus); ce qui aide au diagnostic. Des espèces importantes de *mycoplasmes* peuvent aussi provoquer de l'aérosacculite, ainsi que l'implication des articulations et des déformations osseuses chez la dinde. Les bactéries responsables sont des organismes très simples, rarement résistant aux antibiotiques tels que les tétracyclines, qui ne survivent pas dans le milieu plus de quelques jours. Bien que les animaux atteints puissent répondre au traitement, la rechute est fréquente dès sa cessation. L'achat de reproducteurs indemnes de *mycoplasmes* est importante pour la maîtrise de la maladie dans le système « all-in all-out », puisque la transmission verticale se fait des parents vers les enfants. A cause de l'infection vraisemblable à long terme du troupeau et des infections secondaires, cette maladie est appelée « Chronic Respiratory Desease » ou CRD.

• Maladies respiratoires généralisées

(noter que le Coryza infectieux, la Bronchite infectieuse et la laryngotrachéite, évoquées ci-dessus, sont à l'origine des maladies respiratoires de l'appareil respiratoire supérieur, qui se généralisent à tout l'appareil et qui peuvent aussi se doubler de maladies secondaires)

La grippe influenza aviaire: Cette maladie virale provoque une gamme de signes semblable à la grippe de l'homme. Quelques isolats causent d'abord une maladie respiratoire, tandis que d'autres n'entraînent qu'une légère maladie respiratoire accompagnée surtout de signes et de lésions gastro-intestinales sévères. Les isolats de l'influenza légère se retrouvent partout dans le monde et sont peu significatifs. Cependant il existe quelques souches qui sont hautement pathogènes, causant des troubles respiratoires sévères et une forte mortalité. Lors de ces crises très pathogènes, une inflammation sévère de tout l'appareil respiratoire est fréquente, avec une atteinte des poumons. Occasionnellement on remarque des lésions intestinales avec hémorragie du proventricule et ulcères de l'intestin, s'il s'agit d'attaques virulentes. Les souches les plus dangereuses sont considérées comme exotiques et devant être déclarées dans les pays développés; elles sont alors contrôlées par des tests rigoureux et l'éradication. La vaccination est d'un intérêt limité du fait que les souches rencontrées sur le terrain peuvent provenir de sérotypes très nombreux. La vaccination sans contrôle du sérotype exact est sans valeur.

La maladie se transmet par contact avec des oiseaux sauvages (ou leurs excréments), surtout les palmipèdes. Bien que l'on ait signalé la transmission des souches les plus virulentes à l'homme, ce phénomène doit être considéré comme exceptionnel. Le traitement des infections secondaires par les antibiotiques peut s'avérer utile quand la maladie est de faible gravité. L'éradication est possible entre deux troupeaux grâce une désinfection et des mesures de biosécurité (empêcher la présence d'oiseaux sauvages) et la technique du « all-in all-out ».

Maladie de Newcastle: Cette maladie respiratoire d'origine virale peut être confondue avec la grippe influenza aviaire (ci-dessus). Les souches vont de celles causant des symptômes peu prononcés (avirulentes) à celles hautement pathogènes (VVND). Les formes bénignes doivent entraîner plus de signes nerveux que les formes bénignes de la grippe aviaire. Contrairement à ce qu'on observe pour la grippe, il n'y a qu'un seul sérotype pour la maladie de Newcastle; ce qui facilite la vaccination. Celle-ci se pratique au couvoir par « spray » ou alors par inoculation dans l'œil si la maladie a été signalée dans la région. Un rappel chez les reproducteurs avant l'entrée en ponte est également conseillé.

Mycoplasmes: Bien que plusieurs espèces de mycoplasmes soient en mesure de causer des troubles respiratoires chez les volailles, *Mycoplasma gallisepticum* est la souche la plus répandue entraînant des problèmes respiratoires sévères et généralisés. Les symptômes, le traitement et les moyens de prévention ont été décrits plus haut.

Le choléra aviaire: Cette maladie respiratoire assez commune et importante est due chez le poulet et la dinde à une bactérie, *Pasteurella multocida*. La gravité de la maladie dépend du temps d'infestation. Dans les cas aigus (démarrage récent), la mortalité peut être l'un des premiers signes. Les sujets atteints présentent des poumons sombres, durs et hémorragiques, remplis de pus si les animaux ont été capables de survivre quelque temps. Du fait que la bactérie est retrouvée très souvent dans le sang (septicémie) en grandes quantités, de nombreux organes peuvent être infectés. Des toxines sont alors diffusées dans l'organisme, entraînant des hémorragies un peu partout, observées souvent sur le tissu adipeux abdominal ou celui du cœur. Les oiseaux morts présentent souvent une inflammation généralisée, surtout sur les viscères; le foie peut avoir allure légèrement « cuite » associée à des abcès. Le péricarde (enveloppe entourant le cœur) est habituellement enflammé et peut contenir du pus. Les survivants d'une forte attaque de choléra ont souvent des abcès à la crête, aux barbillons et aux articulations. Les os de la tête peuvent être infectés et générer des symptômes nerveux (connus comme choléra de la tête). Les souches isolées des troupeaux commerciaux sont souvent résistantes à beaucoup d'antibiotiques, bien que l'administration d'un antibiotique auquel la bactérie est sensible puisse être efficace et réduire fortement la mortalité. Toutefois de nombreux survivants développeront plus tard une forme chronique du choléra quand le traitement cessera. Malgré l'existence de vaccins vivants, il y a plusieurs sérotypes et la vaccination des troupeaux futurs n'est pas recommandée si ce n'est après avoir bien identifié le sérotype en cause par diagnostic de laboratoire (réactions croisées possibles).

Une alternative à la vaccination par vaccins commerciaux vivants consiste à utiliser une bactérie tuée qui peut être isolée par un laboratoire à partir de prélèvements de l'agent en cause. Ces bactéries tuées sont un bon moyen de contrôle si l'on effectue de nombreux rappels vaccinaux. Par la désinfection, le contrôle des rongeurs (et autres espèces animales sauvages) et une biosécurité générale on peut très bien réduire les pertes. On peut venir à bout de cette maladie par les programmes de « all-in all-out » et de gros efforts de désinfection. Plusieurs semaines de temps mort entre troupeaux sont fortement recommandées. Le choléra aviaire peut être aisément confondu avec une colibacillose et l'érésipèle; il ne faut donc pas hésiter à recourir, si possible, à un diagnostic de laboratoire.

La clamydiose: Cette maladie respiratoire survient chez des oiseaux d'âges et d'espèces très différents; elle peut même parfois être transmissible à l'homme. Elle est quelquefois confondue avec le choléra ou la colibacillose, et les signes et lésions cliniques sont semblables (voir ci-dessus). Un diagnostic strict de laboratoire est indispensable pour s'assurer de l'agent responsable. Cette maladie peut être bénigne, mais de temps en temps elle cause de grosses mortalités, surtout chez les dindes. Cette bactérie, ressemblant à un virus, ne peut être détectée par culture microbienne classique mais nécessite une observation microscopique sous certains colorants. Chez l'homme elle se traduit par des symptômes voisins de la grippe accompagnés de fortes fièvres. La maladie est fréquemment mal identifiée par les médecins. Les humains en contact avec des volailles et présentant des états grippaux de durée anormale, associés à de la fièvre, doivent faire état de ces signes à leur médecin. Chez l'homme, comme chez les oiseaux, la maladie régresse rapidement à la suite de traitement par des tétracyclines, alors que la bactérie s'avère peu sensible aux grands antibiotiques classiques utilisés contre les maladies respiratoires. Une erreur de diagnostic chez l'homme et un mauvais traitement pharmaceutique peuvent entraîner des lésions nerveuses, voire la mort.

La tuberculose aviaire: Cette maladie bactérienne concerne seulement les volailles âgées (plusieurs années). Il s'agit du même agent que celui de la tuberculose humaine; ce qui peut conduire les humains à des réactions positives lors de tests cutanés. Tandis que l'agent aviaire peut provoquer la maladie chez des humains immuno-déprimés, il n'est pas habituel de traiter les personnes normales. Bien des gens peuvent être contaminés par des oiseaux sauvages ou leurs fientes, et non pas par les volailles.

L'aspergillose: Cette maladie fongique des volailles est due à l'inhalation d'un grand nombre de spores. Appelée fréquemment « pneumonie du couvoir » du fait d'un infestation au couvoir juste à l'éclosion, cette pneumonie arrive très tôt après la naissance (1 à 2 semaines). La contamination venant du milieu, cette maladie est donc infectieuse et non contagieuse. Les dindes et les poulets élevés en milieu poussiéreux, voire en extérieur, peuvent être atteints par les spores de la moisissure. Occasionnellement la moisissure à l'intérieur du bâtiment posera des problèmes. Les symptômes sont l'éternuement, la toux, l'abattement... comme on le remarque pour bien des troubles respiratoires. La mortalité est variable mais peut devenir significative. L'autopsie révèlera des groupes de nodules (habituellement jaunes-verts ou gris) de 2 à 3 mm de diamètre, connus comme mycogranulomes.

Ces groupes de nodules ronds ressemblant à du raisin se rencontrent souvent dans les poumons et les sacs aériens. Cette maladie est souvent confondue avec la tuberculose. L'aspergillose (Pneumomycose) ne peut être traitée par les antibiotiques classiques, qui demeurent inefficaces. Les conditions de démarrage des poussins (chaleur, ventilation) peuvent réduire la gravité et les complications. La prévention se fait par suppression de la source de moisissure. Souvent un lavage physique est suffisant, mais de multiples désinfectants sont disponibles qui inhibent la croissance du champignon.

N. Maladies affectant le tractus digestif seul

• œsophage et gésier

La varicelle: Quelques oiseaux peuvent présenter des lésions presque exclusivement localisées sur le larynx et la trachée supérieure. Cependant d'autres animaux manifestent des plaques sur la cavité buccale et des nodules sur la peau qui sont plus caractéristiques, comme indiqué plus haut; ce qui facilite le diagnostic.

Mycose du jabot: Il s'agit d'un développement anormal de levures dans le jabot, qui peut causer un abattement de l'individu, une baisse de la consommation d'aliment et des performances réduites. Ce phénomène suit souvent un traitement aux antibiotiques appliqué durant de longues périodes, à de très fortes doses ou en associations non recommandées. A l'autopsie le jabot dégage une odeur putride ou sure, d'où le nom de « jabot sur ». L'épithélium normalement lisse et brillant devient plus épais et rugueux du fait du développement des fermentations, quelque chose ressemblant à une serviette de toilette humide. Le violet de gentiane ou le sulfate de cuivre sont utilisés et semblent être efficaces. Cependant, la prévention est plus utile que le traitement et a lieu par un usage raisonné des antibiotiques et la limitation de leur emploi aux cas qui leur sont bien spécifiques.

Capillariose: Des petits vers peuvent infester le jabot et l'œsophage de la plupart des oiseaux élevés pour la consommation. Bien que certains puissent atteindre 6 cm de longueur, beaucoup sont nettement plus petits et, au premier coup d'œil, apparaissent comme des boucles de cheveux blancs. Le grattage de la muqueuse peut accroître l'observation des vers. Ces nématodes creusent la muqueuse, entraînant son épaississement et son inflammation. Les oiseaux atteints sont anémiques et maigres. Le diagnostic passe par la détection des vers ou leurs œufs bipolaires en forme de ballon de football (ressemblant aux œufs des vers du chien). Le traitement par antihelmintiques (pippérazine, avermectines...) est efficace.

Tétramères americana: Ce ver parasite (et d'autres) peuvent infester le proventricule des oiseaux. Les vers sont très petits (5 à 20 mm) et sont normalement visibles. Ils peuvent engendrer une ulcération de la muqueuse avec ulcères et hémorragies; parfois quelques hématomes sont visibles depuis la séreuse (externe) du proventricule. Ces vers ont besoin d'un hôte intermédiaire avant d'infecter les volailles; hôte qui peut être le cafard, la sauterelle ou la punaise. On traite efficacement avec des antihelmintiques systémiques.

Erosion et dilatation du gésier ou du proventricule: Une maladie entraînant une hémorragie du proventricule ou du gésier survient le plus souvent dans les zones où la farine de poisson est distribuée à fortes doses. A ces concentrations élevées la farine chauffée peut receler des toxines qui affectent directement la doublure du tractus gastrointestinal supérieur. Des pertes de sang dans le tube digestif supérieur noircissent en arrivant dans la lumière intestinale; quand les animaux sont retournés ce liquide noir peut ressortir par le bec. On fait alors état de « vomissure noire ». En réduisant les apports de farine de poisson à moins de 10% de la ration, quand il y a problème, on améliore normalement l'état général, bien que certaines farines puissent être toxiques à faible dose. On a présenté récemment des résultats indiquant que des conditions apparemment non reliées et non hémorragiques causant la dilatation et l'affaiblissement du proventricule peuvent être associées à une maladie infectieuse s'attaquant à la bourse de Fabricius. Des programmes de vaccination appropriés contre la Gumboro ont éliminé ces problèmes (voir les maladies infectieuse de la bourse de Fabricius).

Fig. 69. L'infection par pullorose peut suivre ce cycle

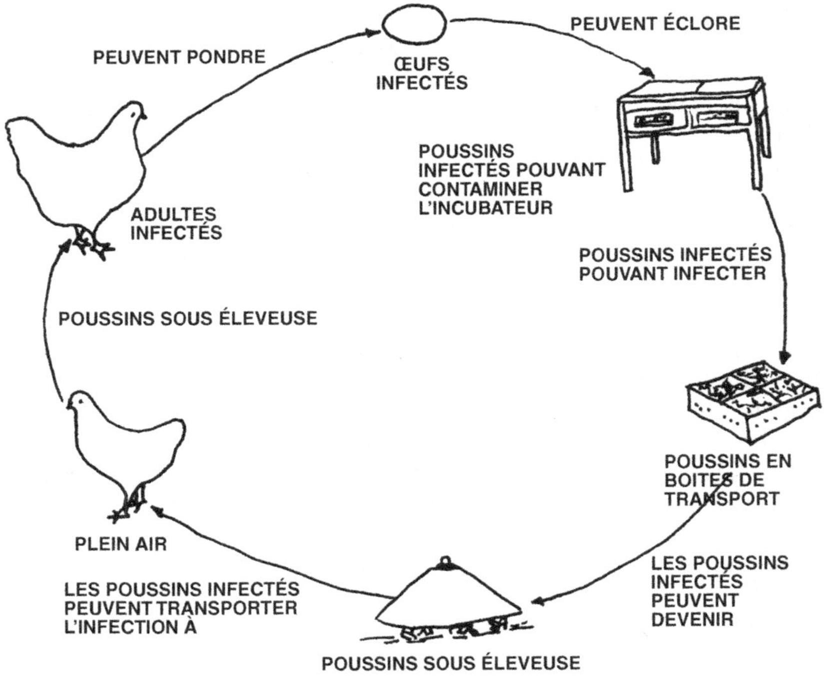

• **Intestin grêle**

Coccidiose: Il s'agit d'un problème parasitaire très important causé par un protozoaire chez les volailles en croissance. Chez le poulet et la dinde toutes les espèces sont du genre *Eimeria*. La coccidie a un cycle de vie assez complexe, autorisant une amplification formidable dans l'environnement si les oiseaux peuvent être en contact avec des fientes anciennes. Initialement les oocystes ne sont pas infectants mais peuvent sporuler dans l'environnement. L'enlèvement fréquent des fientes ou la rotation des cages ou des parquets sur pâture contribuent à réduire l'exposition des animaux au parasite. Toutefois les oocystes sont très résistants dans le milieu et ne disparaissent pas par un arrêt prolongé entre deux bandes. Chaque espèce d'*Eimeria* est à même de coloniser un tronçon spécifique du tractus digestif. Une mauvaise croissance, ainsi qu'une efficacité alimentaire médiocre, sont classiques chez les troupeaux atteints; de même qu'un passage d'aliment non digéré. Du sang est occasionnellement observé dans les fèces. L'autopsie révèle des régions de l'intestin épaissies et atteintes d'inflammation, décrites parfois comme ressemblant à de la saucisse à cause de l'épaississement de l'intestin et la présence de parasites à l'intérieur de la muqueuse intestinale. Les stades reproductifs (schizontes) apparaissent quelquefois sous forme de bandes blanches sur la surface de la séreuse (à l'extérieur) de l'intestin, et de multiples hémorragies ponctuelles sont observées sur la surface de la muqueuse interne de l'intestin atteint. L'examen au microscope de grattages de l'intestin pour rechercher la présence d'oocystes ou de schizontes constitue un bon diagnostic.

Les animaux de souches légères, comme les pondeuses, peuvent être élevés sur grillage afin de réduire le contact avec les fèces, limitant ainsi l'apparition de la maladie. Des caillebotis en bambou ou en bois, tout en n'éliminant pas totalement les risques, réduisent aussi sa fréquence. Les oiseaux élevés sur litières, où ils sont en contact permanent avec les fientes, présentent un risque élevé de développement de coccidiose. Il existe alors deux moyens de contrôle. Des substances coccidiostatiques sont disponibles pour une médication permanente via l'aliment des poulets de chair. Si cette méthode est retenue, les anticoccidiens doivent être incorporés de façon continue jusqu'à quelques jours de l'abattage. Une autre solution réside en le recours aux vaccins. Des vaccins commerciaux sont disponibles, consistant en une exposition contrôlée à une faible dose d'oocystes infectieux très tôt dans la vie. L'immunité est d'assez longue durée. La vaccination peut donc être une approche préférable pour les futurs reproducteurs ou les pondeuses qui doivent être élevés sur litière. Cependant il faut noter que dans les élevages ruraux, où les animaux disposent d'un environnement spacieux et propre, la coccidiose n'est pas un problème majeur, même en l'absence de médication ou de vaccination. C'est particulièrement le cas lorsque les animaux sont peu en contact avec des fientes du fait de l'élevage sur caillebotis nettoyés régulièrement. A noter que le grillage n'est souvent pas recommandé aux volailles de chair à cause des problèmes de voûte plantaire ou des troubles locomoteurs.

Entérite nécrotique: Cette maladie du tube digestif du poulet, d'origine bactérienne, est due à un organisme primitif souvent sensible aux antibiotiques. Elle est fréquemment secondaire à l'immunodépression ou à la saleté de l'élevage, ou les deux réunies. Les animaux infectés sont trouvés morts ou mourants. L'autopsie révèle des intestins distendus avec des parois fines contenant du matériel noir ayant l'allure du goudron qui est le résultat de la nécrose de la paroi intestinale et l'arrivée de sang. Le contenu digestif produit une odeur agressive caractéristique qui a été décrite comme celle d'une fosse septique ou d'une chambre anaérobie. En élevage commercial, de faibles niveaux d'antibiotiques, comme la bacitracine, peuvent être assurés en permanence, réduisant énormément l'incidence de la maladie. Des volailles en bonne santé, indemnes d'immunodépression et logées dans des locaux propres et spacieux, développent rarement l'entérite nécrotique.

Colibacilloses: Tandis que quelques souches d'*Escherichia Coli* sont réellement pathogènes, cette bactérie est le plus souvent opportuniste en s'associant à d'autres maladies ou à des stress. Les colibacilloses peuvent se manifester sous plusieurs formes, s'attaquant au système respiratoire (voir plus haut), au nombril et au sac vitellin (omphalite), causant des septicémies très voisines, en apparence, du choléra aviaire avec entérite et infection des articulations. Les infections de l'intestin sont souvent caractérisées par de la diarrhée et des inflammations intestinales à l'autopsie, et des productions importantes de mucus. Le traitement par des antibiotiques améliore beaucoup la situation, mais il faut bien choisir l'antibiotique car la résistance est fréquente. Généralement cette maladie traduit la présence d'autres causes (stress, maladies) qu'il faut également soigner par des mesures préventives, étant donné qu'en milieu propre elle n'est guère observée.

Vers ronds: La plupart des vers ronds (ascarides) se rencontrent dans l'intestin grêle des poulets et des dindes (1 à 4 cm) et peuvent provoquer de l'inflammation, de la diarrhée et de mauvaises performances. Un hôte intermédiaire (sauterelle, autres insectes) est nécessaire. Des atteintes modérées n'affectent pas les performances. On peut réduire ce risque de parasitisme en éloignant les insectes hôtes intermédiaires.

Des infections légères n'affectent pas les performances. On peut réduire la présence des vers en empêchant l'exposition à l'hôte intermédiaire ou l'accès de celui-ci aux fèces de volailles. Les infestations répondent généralement aux agents vermicides, et des vers entiers peuvent passer dans les fientes après traitement. Dans les zones à problèmes on conseille les vermifugations régulières.

Vers plats: Plusieurs espèces de vers plats à segments peuvent infester les volailles. Curieusement les infestations massives ne sont généralement pas associées à des baisses de performances. Le traitement n'est pas onéreux et peut s'accompagner d'une certaine toxicité lorsque les antihelmintiques hors marque, efficaces pour les vers plats, sont utilisés. Enfin ces vers exigent l'existence d'un hôte intermédiaire qui peut impliquer les mouches, les escargots, les limaces ou d'autres invertébrés. Il est fréquemment plus facile de contrôler celui-ci que directement le ver.

• Caeca et gros intestin:

Salmonelloses: Il existe plus de 200 espèces de *salmonelles* qui peuvent contaminer les volailles. La plupart peuvent donner lieu à des transmissions à l'homme par l'intermédiaire de la nourriture fortement contaminée. Deux souches, presque impossibles à distinguer l'une de l'autre, sont particulièrement bien adaptées pour contaminer les volailles: *Salmonella gallinarum* et *Salmonella pullorum.* Elles peuvent engendrer des épidémies très sévères, mais ne sont pas transmissibles à l'homme. Les autres variants, appelés « salmonelles paratyphoïdes », sont peu dangereux chez les volailles, mais donnent naissance à des symptômes semblables à *gallinarum* et *pullorum,* si l'hôte est immuno-déprimé. Chez les volailles, les Salmonelloses affectent d'abord le tube digestif terminal, causant de petites hémorragies des caeca et une diarrhée caractérisée par un orifice anal blanc pâteux. Les animaux atteints ont froid, se blottissent les uns contre les autres et sont souvent abattus. L'infestation se généralise à tout l'organisme, engendrant des hémorragies plus ou moins sévères, des infiltrations de pus dans le péricarde et des lésions multiples du foie donnant fréquemment à cet organe une apparence de pois jaunes sur une trame normalement rouge. Les souches bien adaptées aux volailles ont été éliminées totalement dans les pays développés, mais les variants paratyphoïdes continuent de contaminer les espèces avicoles; de faible virulence ils ne constituent pas des problèmes gênants dans un élevage sain. Un traitement antibiotique non spécifique n'est pas recommandé, car la résistance à ces substances est un réel problème avec les salmonelles. Les vaccins contre une souche n'agissent généralement pas contre une autre souche et demeurent donc très spécifiques. Les vaccins contre *S. gallinarum* et *S. enteritidis* sont disponibles dans certains pays où ces souches sont endémiques.

Histomonoses (blackhead): C'est une maladie due à un protozoaire qui atteint d'abord les dindons, bien que d'autres espèces puissent être affectées. Elle se caractérise par de gros caeca remplis d'un exsudat à l'apparence de fromage et des lésions du foie qui sont décrites comme des « cibles » à cause des cercles concentriques souvent très visibles. L'agent en cause est *Histomonas meleagris* qui peut provenir de la consommation de fientes fraîches, mais, à l'origine, vient de l'absorption d'œufs de vers caecaux ou de vers de terre contenant des larves de vers caecaux. Ainsi le contrôle de cette maladie passe par l'hygiène et l'addition de produits antihistomoniques à l'aliment (ipronidazole, nitarsone). L'histomonose étant nettement moins dangereuse pour le poulet (souvent difficile à identifier), et le poulet pouvant servir de vecteur des *histomonas,* il est peu prudent d'élever des dindons dans des zones où l'on a déjà des poulets (ou autres gallinacés). Le traitement par le dimétridazole ou le métronidazole est efficace, bien que ces substances ne soient pas destinées aux volailles. Un nombre étendu d'antibiotiques peuvent réduire la morbidité et la mortalité, car un flore bactérienne opportuniste vient souvent aggraver la maladie initiée par *histomonas.*

Coccidiose: Comme nous l'avons indiqué ci-dessus, des espèces bien particulières de coccidies peuvent se loger dans des régions spécifiques de l'intestin. Quelques unes colonisent les caeca et occasionnent des hémorragies qui s'ajoutent aux signes déjà évoqués.

O. Maladies touchant à la fois le tube digestif et le système respiratoire

Newcastle: Outre les troubles respiratoires évoqués plus haut, les épidémies de formes virulentes de la maladie de Newcastle peuvent également créer des troubles intestinaux. Cette affinité pour l'intestin, en plus du système respiratoire, est lié aux souches virulentes (vélogéniques) appelées aussi « viscérotropiques »; ce qui conduit au terme de VVND (velogenic, viscerotropic Newcastle desease). Les érosions ou les ulcères de l'intestin peuvent être observés, de même que des hémorragies du proventricule.

Grippe aviaire: en plus des troubles respiratoires et des lésions des organes internes décrits plus haut, les formes très virulentes de la

Grippe aviaire peuvent générer des lésions du tractus digestif qui peuvent être confondues avec la VVND, bien que les lésions causées par les formes virulentes de la grippe (appelée aussi peste des volailles) soient plus variables et les lésions intestinales pas toujours présentes. Ces formes virulentes des deux maladies sont souvent difficiles à distinguer sans le recours à un laboratoire.

Choléra aviaire: L'agent du choléra, outre les problèmes respiratoires qu'il occasionne (voir plus haut), peut circuler dans tout l'organisme et créer des infections localisées en de nombreux endroits par la sécrétion d'endotoxine. L'intestin peut être très inflammé et même hémorragique dans certains cas. La diarrhée, quoique n'étant pas le symptôme majeur, n'est pas absente en cas d'attaque virulente.

P. Maladies atteignant les reins

Ochratocine: C'est une des 200 mycotoxines connues et produites par des champignons et moisissures se développant sur les récoltes ou sur l'aliment avant consommation. Cette production de toxines est nettement plus prononcée quand les matières premières stockées s'humidifient ou lorsque les installations de stockage sont de mauvaise qualité, surtout en zone tropicale ou subtropicale. En plus des performances réduites et des diarrhées éventuelles, cette toxine peut rendre les reins pâles et enflés et provoquer la formation de cristaux dans les uretères. La défaillance rénale conduisant à de la goutte a aussi été signalée.

Bronchite infectieuse: Quelques souches de cette importante maladie respiratoire (décrite précédemment) peuvent aussi s'attaquer aux reins. Lorsqu'ils sont atteints, ceux-ci sont enflés et les uretères, ainsi que les tubules rénaux, sont remplis de cristaux d'urates, surtout chez le jeune poussin. Le gonflement des tubules rénaux par les urates a été décrit comme une infestation par des vers, à cause des fines lignes blanches que l'on peut alors observer.

Q. Maladies généralisées

Choléra aviaire: Comme nous l'avons décrit précédemment, cette grave maladie respiratoire engendre fréquemment des infections généralisées à la suite de l'apparition d'un grand nombre de bactéries dans le sang (septicémie) lors des attaques aiguës. Les hémorragies observées sur tout le corps sont dues à des toxines produites par l'agent responsable. Celles-ci peuvent conduire à une dénaturation des protéines comme à la suite d'une cuisson, donnant au foie un aspect bouilli. Des points de nécrose sont visibles sur le foie et d'autres organes, et la formation éventuelle d'abcès sur tout le corps (articulations, crête, barbillons, os du crâne...) sont des signes caractéristiques de cette maladie. Le pus dans les abcès est souvent sec et dur, contrairement au pus habituellement rencontré chez les mammifères.

Salmonelloses: En plus des infections intestinales évoquées plus haut, des espèces de *salmonelles* peuvent occasionnellement engendrer des troubles généralisés. Ceci s'observe habituellement avec les salmonelles très virulentes adaptées aux volailles (*S. pullorum et S. gallinarum*), mais ce peut être aussi le cas avec des souches peu virulentes si les animaux sont touchés par un stress ou immuno-déprimés. La généralisation de la salmonellose cause des hémorragies un peu partout dans les cas aigus et des nodules dans le muscle cardiaque et l'intestin, accompagnés ou non d'hémorragies. On constate quelquefois de l'arthrite chronique chez les animaux survivant à des attaques sévères. Dans ce cas le foie est alors généralement hypertrophié et rouge (inflammation) et peut contenir des zones nécrosées; ce qui a été décrit comme un foie rouge foncé avec des pois jaunes. Les méthodes de lutte ont été données précédemment.

Coccidiose (infiltrations bactériennes de l'intestin vers le sang): Bien que les lésions dues aux coccidioses se limitent à l'intestin, celles-ci endommagent la muqueuse intestinale et permettent alors à de nombreuses bactéries de pénétrer dans le flux sanguin. Comme le système veineux en provenance de l'intestin passe directement par le foie, ces bactéries peuvent provoquer des problèmes, même si elles ne sont pas pathogènes. Des abcès du foie et de nombreux foyers nécrotiques ne sont pas exceptionnels en cas de coccidioses. Des points de nécrose, d'assez grande dimension et présentant une allure de choux-fleurs, apparaissent quelquefois sur le foie et sont dus à *E. coli* libéré par l'intestin.

Mycotoxicose (Aflatoxicose): Il existe plus de 200 types différents de mycotoxines produits par des champignons et des moisissures. L'aflatoxine est la plus répandue des mycotoxines en aviculture. Elle est sécrétée par un champignon spécifique et très commun, souvent présent dans le maïs. Le champignon peut parasiter le maïs avant la récolte et les toxines apparues alors restent dans la matière première, surtout au cours des années sèches ou de stress végétal. Après récolte, un séchage insuffisant (plus de 14% d'humidité) ou des conditions de conservation trop humides des graines ou des aliments complets peuvent constituer des conditions favorables à une reprise de la croissance du mycélium et à la production supplémentaire de toxine. Au cas où il serait difficile d'assurer de bonnes conditions de stockage des aliments et matières premières, il est impératif d'ajouter des substances antifongiques (acide proprionique, violet de gentiane...) aux aliments. Il est important de noter que ces substances n'éliminent pas la toxine préformée; elles réduisent seulement l'augmentation de sa présence. L'aflatoxicose réduit les performances des animaux et se traduit par une hypertrophie du foie, ainsi que sa décoloration; celui-ci peut devenir fragile (friable) et hémorragique. L'aflatoxine entraîne une fragilité capillaire induisant l'apparition d'ecchymoses liés à des chocs. Tandis que l'aflatoxicose contribue souvent à renforcer la formation naturelle de foie gras chez les poules en ponte, il faut remarquer que ce phénomène existe habituellement chez les poules non contaminées et vient de l'obésité naturelle de la poule en ponte. On dispose de kit commerciaux de dosage des aflatoxines et de plusieurs autres toxines. Il est donc possible de contrôler les matières premières avant tout achat important.

Ascites: Cette maladie est d'origine génétique. Le mot « ascite » fait référence au développement anormal de fluide dans la cavité abdominale. Ce phénomène est dû à une défaillance cardiaque conduisant à de l'hypertension et à la production d'un « transudat » (liquide plasmatique filtrant à travers la paroi capillaire). On constate parallèlement une accumulation d'eau dans le péricarde. Le liquide est habituellement clair ou ambré, translucide (pas opaque) et peut contenir des caillots gélatineux. Ce sont surtout les mâles (fréquence deux fois plus élevée que celle des femelles) qui sont touchés; ce sont aussi les troupeaux dont les vitesses de croissance sont les plus élevées qui présentent le plus de cas. Du fait que l'origine de la maladie est un défaut de fonctionnement du cœur (et sans doute aussi des poumons), celle-ci survient plus souvent en altitude (plus de 2000 mètres). Les maladies respiratoires, la poussière et des gaz toxiques sont des conditions favorisantes. En pratique le seul moyen de prévention disponible est de ralentir un peu la croissance en diminuant la quantité d'aliment distribué ou la densité énergétique. A très haute altitude il peut être nécessaire de réduire l'accès à l'aliment de 2 à 6 semaines, quelquefois en ne laissant l'accès libre que de 8 à 12 heures par jour. Toutefois ces pratiques (ou le jeûne 1 jour sur trois) réduit l'efficacité alimentaire, augmente le stress, stimule la consommation de fientes et de litière; ce qui augmente l'exposition aux pathogènes. Si cela est possible, la réduction de la densité alimentaire est préférable.

R. Maladies affectant la peau et les plumes

Mue: Les femelles en forte production tendent à perdre normalement une partie de leurs plumes; il en est de même en cas d'une cessation de ponte liée à une mue saisonnière ou provoquée. Au premier abord les animaux peuvent paraître malades, mais les plumes repoussent avant le retour en ponte (ou les mâles en reproduction). Bien des poules en mue continuent de pondre très normalement. Bien que des stress ou des maladies puissent également induire la mue et l'arrêt de ponte, on ne doit pas systématiquement suspecter une origine pathologique. Lorsque la durée du jour diminue, un nombre de plus en plus élevé d'animaux entrent en mue, les dindes étant particulièrement sensibles. Un éclairage artificiel est nécessaire pour maintenir la ponte quand la durée du jour décroît naturellement.

Parasites externes: Il y a plusieurs parasites externes qui sont importants, dangereux et très répandus. Ils comprennent les poux, les acariens et, plus rarement, les tiques et les puces. Les acariens les plus communs parasitant les poulets sont de très petite taille, de couleur sombre et rencontrés en grands nombres dans les zones proches des orifices (anus...). On peut éviter toute confusion entre les acariens et de la saleté en brossant avec insistance la zone suspecte. De la saleté qui se déplace est en fait constituée d' acariens. Les autres parasites sont plus faciles à identifier. Les perméthrines (pyréthrines de synthèse) ne sont pas toxiques mais efficaces comme traitement. Les poux peuvent être éliminés par poudrage avec 5% de carbaryl. Il est important de se souvenir que les insecticides peuvent s'incorporer à l'œuf et à la viande; en conséquence des mesures spéciales doivent être prises ou les animaux traités plusieurs semaines avant leur abattage ou la collecte des œufs. Les insecticides à base d'hydrocarbones chlorés (lindane, chlordane, DDT...) doivent être évités car ils présentent de sérieux risques de contamination des aliments destinés à l'homme. Les inhibiteurs de phosphodiestérases sont dangereux pour les volailles et ne doivent être utilisés qu'en dernier recours et avec précaution. Ces molécules ne sont d'ailleurs pas actives contre les acariens et les tiques.

Usures des plumes: Les animaux en cages développent parfois une usure du plumage liée aux frottements contre les mangeoires, etc... Cette usure ne doit pas être confondue avec une maladie infectieuse.

Dermatite grangréneuse: C'est un problème lié à une infection bactérienne chez les volailles immuno-déprimées. Cette maladie se traduit par des oiseaux qui sont déprimés, parfois faibles et ataxiques, refusant de manger; ce qui conduit à des cas de mortalité. Des zones sombres et humides sont observées sur la peau, et l'agent responsable peut produire des gaz sous la peau. Sous la zone atteinte peut s'accumuler un liquide rougeâtre qui gonfle un peu la peau. Il semble que plusieurs antibiotiques puissent faire régresser la maladie, mais il y a aussi des cas d'insuccès. La prévention consiste plutôt à soigner l'immuno-dépression sous-jacente qui prédispose les individus à l'infection par des bactéries opportunistes.

Cannibalisme, égratignures et croûtes: Les combats et les agressions constituent parfois un problème en aviculture. L'agressivité est plus importante chez les mâles que chez les femelles, mais peut être significative chez les deux sexes. Elle augmente à l'approche de la maturité sexuelle. Des pratiques d'élevage, dont le débecquage (à peu près du tiers en partant de l'extrémité du bec) et la réduction de l'intensité lumineuse, sont à mettre en œuvre. La présence de boîtes de soda de couleur brillante (rouge en particulier) réduisent quelquefois les risques de cannibalisme. Cependant ce problème apparaît surtout dans les troupeaux atteints de la maladie de Marek. Comme cela a été indiqué plus haut, cette maladie est due à un virus qui s'attaque aux follicules plumeux. Ces tumeurs rouges, inflammatoires et les traces de follicules enflés aident à réaliser un bon diagnostic de la maladie. On remarque bien ces lésions sur les carcasses plumées. Des animaux d'apparence normale peuvent être infectés, mais il n'y a aucun risque pour la santé humaine. La viande des animaux atteints est parfaitement consommable, bien qu'aux USA on rejette ces carcasses pour des questions de présentation. Les moyens de lutte ont été décrits plus haut. Il existe aussi une autre cause qui est un virus de type leucosique appelé virus J.

Section 8

Mise en marché

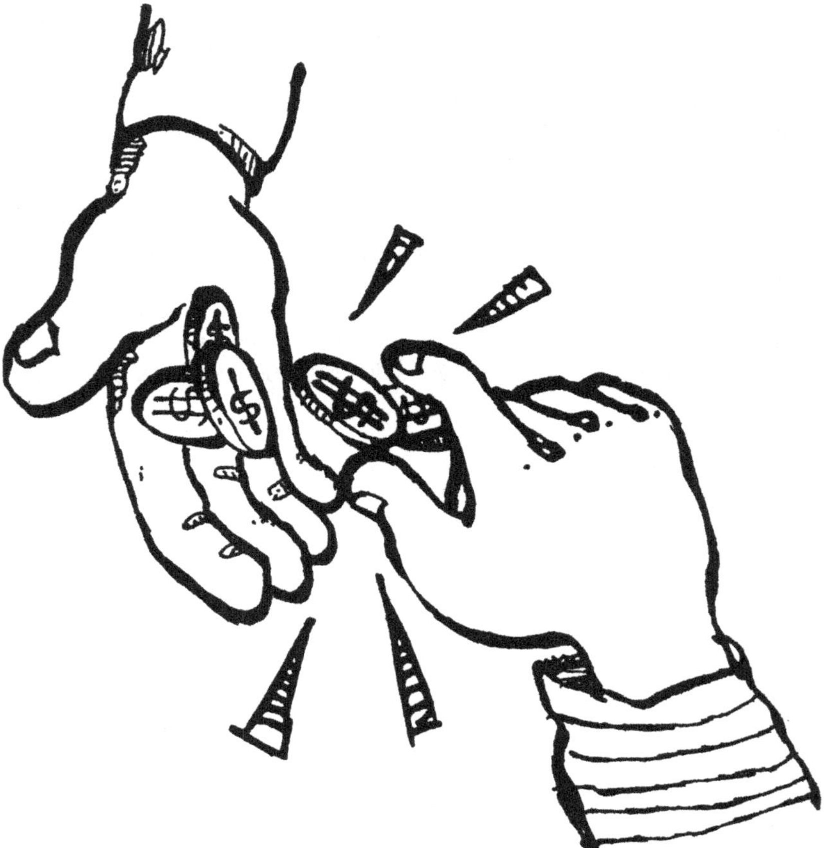

Une étude exhaustive du marché potentiel des volailles doit précéder tout programme de création ou d'extension d'élevage avicole. Les œufs et les viandes sont tous deux des denrées périssables; la conservation et le transport sont donc deux clefs du succès. La faillite de l'opération peut donc venir d'une chute des prix ou de problèmes de transport.

A. Œufs. La qualité de l'œuf diminue rapidement à température élevée ou s'il est laissé au soleil. Par temps chaud les producteurs ramassent les œufs très fréquemment, jusqu'à 5 fois par jour, et les placent rapidement dans un local frais. La température idéale de conservation est de 4 à 13°C (40 à 50°F). Etant donné que des réfrigérateurs sont rarement disponibles dans les zones peu équipées, un refroidissement temporaire est parfois improvisé en utilisant une cave ou en plaçant les œufs dans des pots de terre à l'ombre. Ils peuvent être disposés sur de la paille ou un tapis et couverts d'un linge humide ou de paille. Le sol autour du pot doit être humide sans flaques d'eau toutefois.

Trois autres méthodes de conservation pour la consommation domestique permettent de prolonger la qualité de l'œuf. 1) Un film fin d'huile autorise une durée de 3 jours et plus si la température n'excède pas 10°C. Les œufs doivent être trempés dans une huile de cuisson telle que l'huile de noix de coco. Sa température doit être supérieure de 11°C par rapport à celle de la pièce. Si l'huile est réutilisée, elle doit être filtrée et stérilisée par cuisson. 2) Il est aussi possible de placer les œufs dans une solution de silicate de sodium (1 part de silicate et 5 parts d'eau bouillie refroidie). On peut de la sorte garder les œufs plusieurs mois au frais. 3) L'eau de chaux est fabriquée en mélangeant 2,3 kg de chaux finement broyée avec 6 litres d'eau bouillie puis refroidie. Après un repos d'une nuit les œufs sont placés dans cette solution pour plus d'un mois.

Les œufs souillés doivent être nettoyés en les frottant avec un papier de verre fin, de la toile émeri ou de la laine d'acier. Le lavage à l'eau est déconseillé car il concourt à l'infection par les bactéries à travers la coquille. La taille des œufs étant variable, ceux-ci sont souvent vendus au poids. Aux Etats Unis ils sont classés selon le poids en 5 catégories: petits 35-42 g, moyens 43-49 g, gros 50-56 g, extra-gros 57-63 g, et très gros 65 g et plus. Les œufs défectueux sont détectés par mirage afin de retirer ceux qui sont cassés, ceux qui contiennent des tâches de sang, ceux qui sont moisis ou pourris, ceux qui contiennent des parasites (Section V). Un emballage attractif dans des boîtes en carton ou en plastique permet de les protéger et d'attirer le consommateur.

B. Les viandes. La qualité des carcasses se détériore si rapidement à la température ambiante que les poulets sont souvent vendus vivants et préparés par le consommateur lui-même. Bien que la cuisson tue toutes les bactéries dangereuses dans la viande, l'empoisonnement de la nourriture à cause des bactéries survient sur la viande crue ou cuite si on les conserve trop longtemps à la température de la pièce. Les méthodes frigorifiques de conservation des volailles prêtes à cuire ont révolutionné l'industrie avicole. Avec des procédures en chaîne d'abattage, les usines modernes utilisent des techniques de production de masse pour la préparation des carcasses, leur conservation et leur manutention. Elles sont expédiées sur de la glace à des milliers de kilomètres dans des camions frigorifiques. Si elles ont été congelées, elles peuvent être stockées pendant des mois et transportées par bateau à travers le monde. Le développement de ces méthodes à grande échelle ont permis de réduire les prix et de préserver la disponibilité en viandes. Les risques de détérioration étant réduits par le transport sous forme congelée, cette méthode est souvent retenue par de nombreux pays.

C. Financement. L'agrandissement d'une entreprise avicole nécessite habituellement une aide financière sous forme de prêts à court ou long terme. Les petits éleveurs avicoles ont eu généralement de bons résultats pour le remboursement de leurs emprunts. Les sources possibles de financement sont:

a. Les agences internationales. La Banque mondiale, Oxfam, U.S./A.I.D, UNICEF, d'autres agences de développement rural ayant des programmes d'aide au financement.

b. Autres. Les coopératives, les banques, les syndicats de crédit, les groupes de femmes, les fournisseurs de poussins, les fabricants d'aliment, les entreprises d'intégration et les prêteurs locaux sont de bonnes sources de crédit pour les bâtiments. Ils peuvent aussi délivrer des prêts à court terme pour l'achat d'animaux et d'aliment.

c. Les agences gouvernementales. Aux Etats Unis des programmes de prêt fédéraux ou d'Etat ont été établis à travers des réseaux administratifs ou de développement agricole. Des projets d'écoles secondaires (4H ou FFA aux Etats Unis) ont souvent formé des jeunes gens aux carrières de l'aviculture.

d. Les contrats. Les prêteurs peuvent passer des accords d'achat avec les éleveurs. Etablir des plans de management et de remboursement peut aider à passer les réticences du prêteur. Les détails de ces plans peuvent comprendre: un rapport sur l'activité antérieure, une page sur la balance courante, un état des revenus prévus, un descriptif chronologique de la gestion, un plan des visites de personnes compétentes, un programme de ventes et de remboursement.

Section 9

Les avantages de l'élevage de canards

Canard Commun

Cane Commune

Canard Pékin

Cane Pékin

Canard Rouen

Cane Rouen

Depuis les temps anciens les canards domestiques ont servi de source de nourriture et de revenus en de nombreux endroits de la planète. Les canards peuvent fournir de la viande, des œufs et du duvet (pour fabriquer des couettes de lit ou des vestes chaudes). Ils sont capables de survivre et de croître jusqu'à maturité avec des aliments relativement simples, à base de matières premières locales. La viande et l'œuf sont d'excellentes sources de protéines, d'énergie et de plusieurs minéraux et vitamines. Incorporés en proportion substantielle dans la ration quotidienne de l'homme, la viande et les œufs de canards fournissent une bonne part de ses besoins nutritionnels. Les canards sont élevés en petites ou grandes bandes. En troupeaux de taille réduite ils peuvent constituer une source complémentaire d'aliment ou de revenu pour une famille. Leur mise en place est alors très bon marché. L'investissement est nettement plus lourd si l'on veut constituer de grands troupeaux commerciaux qui réclament des bâtiments et des équipements de meilleure qualité. Cependant un revenu plus important, convenant à plusieurs familles, peut être obtenu avec une bande de grand effectif correctement conduite.

Fig. 70. Canetons Pékin

Races de canard

On classe les canards domestiques selon les principaux types génétiques suivants.

(1) Canards communs. La plupart entrent dans ce groupe. On pense qu'ils descendent du canard sauvage (Anas platyrhynchos). Les races les plus connues comprennent le Pékin, l'Ayslebury, le Rouen, le Call, le Coureur indien, le Khaki campbell, le Cayuga, l'Albio, le Maya et le Tsaya. Ces races peuvent se reproduire entre elles par croisement, et leurs produits sont fertiles. Les œufs exigent 28 jours d'incubation.

(2) Canards de Barbarie. Ce canard (Cairina moschata) n'est pas apparenté au canard commun. Cette espèce provient d'Amérique du Sud, bien que des animaux similaires aient existé en Egypte d'après d'anciens documents. On rencontre à la fois des races blanches et des colorées. Le Soudan est une souche vivant en Egypte. Contrairement au canard commun, la tête et la figure du Barbarie sont couvertes de caroncules (ressemblant aux barbillons du poulet). Une autre grande caractéristique du Barbarie est le différence prononcée de taille entre le mâle et la femelle, le premier étant 30 à 50% plus lourd

Fig. 71. Canard de Barbarie

La Barbarie supporte mieux le temps chaud que le canard commun. Ses œufs exigent 35 jours d'incubation. Tout en se croisant avec le canard commun, le Barbarie donne alors naissance à des descendants stériles.

(3) Mulard. Quand on croise des mâles de Barbarie avec des canes communes, la fertilité est inférieure au croisement intraspécifique. L'insémination artificielle améliore cette fertilité. Quelle que soit la méthode de croisement (naturelle ou artificielle), les descendants sont stériles et ne peuvent être conservés pour la reproduction. Ces hybrides sont habituellement élevés pour la production de viande ou, quelquefois, pour celle de foie gras qui est vendu aux restaurateurs. Ils sont appelés mulards. Dans quelques cas on leur attribue des noms particuliers d'origine commerciale. De tels noms permettent d'identifier le sélectionneur et les souches parentales ayant servi à l'obtention de l'hybride. A Taïwan le croisement d'un Barbarie blanc avec une cane Kaiya (Pékin xTsaiya) est simplement dénommée mulard. Ces animaux (Figure 72) sont populaires chez les Taïwanais en raison de leur goût et de la forte proportion de viande maigre.

Fig. 72. Canards mulards

Le choix de la bonne espèce de canard

Ce peut être une race locale qui soit donc bien adaptée aux conditions climatiques de la région, ou alors une race plus performante et disponible auprès de sélectionneurs ou d'importateurs.

(1) Races à viande

Si vous êtes surtout concerné par la production de canard de consommation et que vous pouvez vous approvisionner en aliments ou matières premières adaptées, il faut choisir une race de type Pékin (voir Figures 70 et 87). Les animaux de cette race présentent une croissance très rapide, atteignant 90% de leur poids adulte vers l'âge de 7 semaines, si l'alimentation est correcte. Il n'est pas rare d'atteindre 3,2 kg (7 livres) à 7 semaines. Dans des conditions moins favorables, la croissance dépendra de la qualité réelle des régimes distribués. Cependant, même avec des aliments de qualité médiocre, ces canards ont une croissance satisfaisante. La viande de canard Pékin est tendre, juteuse et est appréciée dans le monde entier pour son goût. Quelques races à viande, telles que les Aylesbury et les Rouen ou les souches Pékin non améliorées, sont maintenant bien connues grâce à des efforts d'amélioration génétique (Cherry Valley au Royaume Uni, Maple Leaf aux Etats Unis, Legarth au Danemark, Steggles en Australie).

Le canard de Barbarie est aussi très réputé pour sa viande dans de nombreux pays. Cette espèce est très répandue en France. Les muscles pectoraux très développés (souvent 800 g à 12 semaines) donnent un avantage certain à cette espèce vis à vis du canard de type Pékin qui possède moins de muscles pectoraux. Cependant la grande différence de format entre le Barbarie et le canard commun, comme mentionné ci-dessus, comme la fertilité un peu inférieure du Barbarie sont des handicaps. Toutefois les sélectionneurs français ont réussi, par sélection, à effacer ces défauts. Le mulard est intéressant par rapport au Barbarie pur, du fait de l'absence de dimorphisme sexuel (différence entre mâles et femelles) et il présente des proportions de filets supérieures à la fois au Barbarie et au Pékin. En outre, il est plus maigre que ces deux espèces.

(2) Canards destinés à le ponte

Canard Khaki Campbell

Si l'on souhaite produire des œufs de cane, il faut se diriger vers une race spécialisée comme, par exemple, le Khaki Campbell (Figure 73), le Tsayia ou le coureur indien. Ces races sont à même de pondre plus de 230 œufs et, bien souvent, plus de 300 œufs par an. Ces animaux sont de taille nettement plus réduite que ceux destinés à la production de viande. Cependant quelques souches de Pékin ont été sélectionnées pour la ponte. La société Cherry Valley en Angleterre, comme d'autres firmes, ont commercialisé des souches de Pékin destinées à la production d'œufs.

Fig. 73. Canard Khaki Campbell

(3) Races mixtes

Souvent les canards sont élevés pour produire à la fois des œufs et de la viande, et pour leurs plumes. Nombre de races ont été développées dans ce sens: Aylesbury, Pékin et Maya. Des compromis doivent être trouvés quand on veut sélectionner pour ces deux productions en même temps. Généralement les races les plus lourdes sont les moins adaptées à la production d'œufs, alors que les canards de taille réduite sont les plus performants. Une race à double fin doit donc être de format intermédiaire et présenter des performances correctes de ponte.

(4) Races pour l'élevage en troupeau

Pendant des siècles, dans les zones asiatiques productrices de riz, les canards ont été élevés traditionnellement en troupeaux (Figure 74).

Fig. 74. Troupeau de canards

Avec ce système, des canards locaux sont sélectionnés depuis des générations pour leur aptitude à glaner leur nourriture dans les rizières après récolte, dans les canaux, les levées et les marais. Un seul troupeau peut être la principale source de revenu d'une ou de plusieurs familles. Les races utilisées sont, par exemple, l'Albio, le Bali d'Indonésie, et le Maya de Chine. Le nom de Maya (canard local) fait référence au canard habituellement rencontré dans les zones rizicoles de Chine. La coloration du plumage de cette race se rapproche de celle du canard sauvage et, pour cette raison, cette race est fréquemment appelée « canard moineau ». En plus du Maya il existe un certain nombre d'autres lignées ou races en Chine, comme le Gaoyou, le Baisha, le Colophony jaune et, bien sûr, le Pékin. Pour des suggestions en matière de conservation d'une race de canard, se référer à la section 1 de cet ouvrage. Les courbes de croissance types des races de canards sont données dans le Tableau 9.1.

TABLEAU 9.1 Courbes types de croissance des races de canard

	Pékin		*Barbarie*		*Khaki Campbell*	
	Mâle	*Femelle*	*Mâle*	*Femelle*	*Mâle*	*Femelle*
Age Semaines	*Pois vif en grammes*		*Poids vif en grammes*		*Poids vif en grammes*	
0	55	55	45	45	44	43
1	270	290	125	120	150	140
2	800	810	290	270	400	350
3	1400	1380	600	540	670	550
4	1925	1930	1000	830	940	750
5	2460	2450	1500	1160	1050	910
6	2950	2845	2060	1530	1210	1080
7	3280	3110	2600	1900	1290	1180
8	—	—	3130	2130	1380	1210

TABLEAU 9.1 (suite)

	Pékin		*Barbarie*		*Khaki Campbell*	
	Mâle	*Femelle*	*Mâle*	*Femelle*	*Mâle*	*Femelle*
Age Semaines	*Pois vif en grammes*		*Poids vif en grammes*		*Poids vif en grammes*	
9	—	—	3550	2250	1420	1240
10	—	—	3800	2350	1510	1270
12	—	—	4300	—	1740	1420
16	—	—	—	—	1750	1470
18	—	—	—	—	1770	1570

C. Logement et élevage du canard

Les canards s'adaptent bien à une large gamme de systèmes d'élevage, du moment qu'ils reçoivent des soins indispensables de base. A l'exception des tout premiers jours où les canetons exigent une température élevée et de l'attention de la part de l'éleveur, leurs besoins de base sont les suivants:

(1) Protection contre les prédateurs et les conditions extrêmes de climat.

(2) Un abri sec et propre. Bien que les canards passent la majeure partie de leur temps à l'extérieur, dans des bassins ou des zones humides, ils ont besoin d'un refuge propre et sec où ils puissent se reposer, faire leur toilette et lisser leurs plumes. Le canard est ainsi à même de rendre son plumage imperméable à l'eau et de protéger sa peau des chocs et du froid.

(3) De l'eau propre pour boire (eau indemne de germes et de toxines nuisibles à l'espèce). L'eau destinée à la baignade n'est pas indispensable; mais elle est utile en climat très chaud.

(4) Un aliment qui apporte tout ce qui est nécessaire pour couvrir les besoins nutritionnels.

(5) Un éclairement satisfaisant pour les canes en ponte.

(6) Une protection contre les maladies.

Le petit élevage domestique. Un petit troupeau peut être entretenu par un ménage pour un coût faible. A part l'éleveuse indispensable les premiers jours, il ne faut, pour le démarrage, qu'un peu d'espace, une structure simple telle qu'une remise, une clôture bon marché, une mangeoire en bois et un abreuvoir très simple (voir Section 4). L'abri doit être situé à un endroit surélevé et bien drainé, de sorte que l'eau de pluie s'écoule facilement sans stagner sur place. Lorsque cela est possible, un sol en sable doit être préféré pour le parcours car il drainera rapidement. Le sol de l'abri peut être recouvert de paille, de copeaux de bois ou de tout autre matériau absorbant. Une clôture basse (environ 61 cm) suffit pour le Pékin; car il ne peut voler. Mais cela ne suffit pas au Barbarie qui s'envole facilement. Si les prédateurs constituent un problème pendant la nuit, les parties ouvertes de l'abri doivent être fermées le soir avec un filet ou du grillage.

Elevage en bassin ouvert. Les canards peuvent être gardés avec succès en bassin ouvert, du moment qu'un espace abrité et sec existe à proximité. En bassin les animaux peuvent se procurer une partie de leur nourriture sur place à partir des plantes et des petits animaux trouvés autour du bassin. Toutefois un complément d'aliment doit être apporté. En zone tropicale il est fréquent de combiner l'élevage du canard et celui du poisson (figure 75). Les bassins sont empoissonnés avec des espèces telles que les Tilapia élevés pour la consommation humaine. Les fientes des canards fournissent de quoi nourrir le plancton du bassin que le poisson consomme ensuite. Il faut limiter le nombre de canards afin d'éviter une production excessive de fientes et, donc, de plancton ou de végétaux qui asphyxieraient les poissons par disparition de l'oxygène. Habituellement on fournit aux canards et aux poissons un complément d'aliment qui, en élevages commerciaux, sont souvent des granulés d'aliment complet.

Fig. 75. Bassin pour canards et poissons

Elevage en troupeau. En Indonésie, des troupeaux sous la direction d'un seul berger comprennent de 90 à 130 canes. Pendant la journée le troupeau, composé généralement de femelles seulement, est laissé libre de trouver sa nourriture sur des terrains où elle peut être abondante. Le soir le troupeau rentre vers son abri pour y être enfermé; il s'agit d'un poulailler en bambou où les femelles pondent pendant la nuit. Les œufs sont ramassés et vendus, ou utilisés sur place par la famille. La majeure partie de l'aliment trouvé lors du parcours dans les champs est composé de grains et d'escargots, ainsi que de faibles proportions d'insectes, des feuilles, des crabes et des grenouilles. Le travail du berger consiste à déplacer le troupeau, aussi souvent que nécessaire vers des zones riches en aliments. Une clôture transportable ou tout autre équipement suit le troupeau vers tout nouveau lieu. Un endroit enherbé avec quelques protections est choisi comme camp de base où la clôture est mise en place. Un supplément d'aliment est distribué aux oiseaux seulement quand l'apport de nourriture par la collecte dans les champs devient insuffisante.

Elevage commercial. Comme cet ouvrage est surtout destiné à des personnes voulant développer des petits élevages, nous ne décrirons pas en détail les élevages commerciaux (Figure 76). A ceux qui sont intéressés par ce type d'élevage une liste de sources d'information est donnée dans la section 11.

Fig. 76. Bâtiment moderne pour canards

Le démarrage. Beaucoup de ce qui a été écrit au sujet du poussin, présenté en section 5 de ce livre, peut être appliqué au caneton. S'ils sont issus d'incubation artificielle, plutôt que d'incubation naturelle, le soigneur doit fournir aux jeunes nouveaux-nés une zone chaude et sèche comportant une source de chaleur telle celles décrites pour le poussin en section 5, de l'aliment et de l'eau de boisson à proximité de la source de chaleur de façon à ce que les canetons apprennent à manger et boire dès qu'ils sont placés en zone chaude. Si, après quelques heures, les canetons n'ont pas encore appris à boire, il est nécessaire de tremper le bout de leur bec dans l'abreuvoir afin de les y inciter. Le sol de cette zone de démarrage doit être couvert d'une litière propre et sèche telle que des copeaux de bois ou de la paille broyée. On doit s'assurer de l'absence de moisissures. Quelquefois des vieux journaux sont disposés sur le sol pendant les tout premiers jours. Ils doivent être remplacés aussi souvent que nécessaire de façon à ce que les lieux restent propres. On peut disposer des limites pour que les canetons ne quittent pas la zone chaude (section 5). Il faut toutefois laisser assez de place aux animaux afin qu'ils puissent s'écarter de la source de chaleur s'il fait trop chaud. Voir le Tableau 9.2 pour les températures recommandées, qui doivent baisser progressivement à mesure que les canetons grandissent. En outre, de l'espace doit être donné de plus en plus aux canetons au fur et à mesure qu'ils vieillissent. Quand la température extérieure dépasse 21°C, soit 70°F, on peut laisser les canetons sortir s'ils ont plus de 14 jours.

Températures idéales du caneton. A l'éclosion le caneton a besoin d'une température élevée, de l'ordre de 29,4°C (85°F). Il ne peut alors pas exercer une thermorégulation efficace et exige un apport de chaleur extérieure. A mesure qu'il grandit, ils devient apte à produire plus de chaleur et à se protéger des déperditions. Lorsqu'il est totalement emplumé, le caneton est capable de maintenir constante sa propre température, même si la température extérieure est très basse. Les températures recommandées en fonction de l'âge sont présentées dans le Tableau 9.2.

TABLEAU 9.2 Températures optimales pour le canard

Age en jours	*°F*	*°C*
1	86	30
7	81	27
14	73	23
21	66	19
28	59	15
35	55	13
42	55	13
49	55	13
Futurs reproducteurs	55	13
Canes pondeuses	55	13

Espace. La surpopulation peut être néfaste à la santé du canard, à sa croissance et sa ponte. Il est primordial de fournir aux animaux un espace adéquat en fonction de leur âge. Il vaut mieux en hiver respecter les densités recommandées de façon à ce que la chaleur dégagée chauffe le local d'élevage.

TABLEAU 9.3 Espace au sol recommandé pour les canards [1]

Age en semaines	*Espace par canard (cm^2)*	*Espace par canard (ft^2)*	*Dimensions du carré pour 10 canards (m)*	*Dimensions du carré pour 100 canards (m)*
1	289	0,31	0,54 x 0,54	1,7 x 1,7
2	576	0,62	0,76 x 0,76	2,4 x 2,4
3	1024	1,10	1,01 x 1,01	3,2 x 3,2
4	1369	1,47	1,17 x 1,17	3,7 x 3,7
5	1764	1,90	1,33 x 1,33	4,2 x 4,2
6	2116	2,28	1,45 x 1,45	4,6 x 4,6
7	2304	2,48	1,52 x 1,52	4,8 x 4,8
Futurs reproducteurs	2500	2,69	1,58 x 1,58	5,0 x 5,0
Canes pondeuses	2809	3,02	1,68 x 1,68	5,3 x 5,3

[1] Une unité d'espace en claustration permet d'accueillir deux fois plus d'animaux si l'on dispose d'un parcours extérieur.

Sol des locaux d'élevage. Les éleveurs doivent se méfier des sols qui altèrent la plante des pieds ou les articulations des oiseaux. La peau située sous les pattes n'est pas aussi épaisse que celle des poulets; elle est donc plus sensible aux blessures si les canards sont placés sur un sol trop dur et abrasif. Les caillebotis ou les cages peuvent provoquer des blessures sérieuses aux pattes des canards selon la nature exacte du sol: dureté, présence d'irrégularités tranchantes. Les cailloux mêlés au sol sont susceptibles, par exemple, de blesser les animaux. Ces effets néfastes augmentent avec l'âge et le poids des canards en élevage en claustration. Si l'on démarre les canetons sur grillage et que l'on les place ensuite sur litière correcte, les blessures sont nettement réduites, à moins que le grillage soit de mauvaise qualité. Ces inconvénients sont évités quand la surface en grillage ne dépasse pas un quart ou un tiers de la surface totale d'élevage. Les souches lourdes, comme les Pékin, sont plus sensibles que les souches légères, comme le Khaki Campbell. Les grillages de bonne qualité sont préférables aux caillebotis qui engendrent des troubles locomoteurs et des altérations de la peau. Si l'on utilise tout de même du grillage, celui-ci doit être, avant l'âge de 3 semaines, de maille de 1,9 cm (3/7 inch) et de fil de calibre 12 soudé et fixé sur un cadre rigide pour garder le sol bien plat et éviter l'accumulation de fientes (voir Figure 77). Au delà de 3 semaines, une maille de 2,5 cm (1 inch) est préférable. Le grillage entouré de plastique est recommandé, mais le grillage galvanisé et lisse est satisfaisant. Il faut se souvenir que les sols secs et propres (terre ou ciment) couverts de litière et un parcours propre et couvert de sable sont les sols les mieux adaptés aux canards.

Fig. 77. Sol grillagé

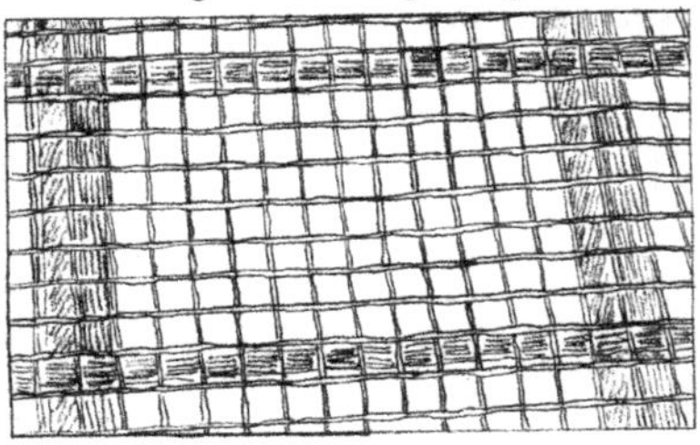

Entretien des litières et des parcours. Les canards consomment et excrètent plus d'eau que les poulets. Leurs fientes contiennent plus de 90% d'eau. Il est donc nécessaire de prendre des mesures pour garder les litières intérieures bien sèches. Ceci exige de renouveler régulièrement la litière avec du matériau frais, surtout dans les zones du poulailler qui sont les plus sales et les plus humides et, si nécessaire, de remplacer la litière dégradée par une litière neuve. Quand les canetons sont assez âgés pour passer la majeure partie de leur temps dehors (habituellement après 3 semaines), les abreuvoirs sont disposés à l'extérieur des bâtiments, le plus loin possible de ceux-ci. Cette précaution évitera l'humidification de la litière. Dans les régions où la température descend près de 0°C, l'eau sera proposée à l'intérieur si nécessaire. Les parcours extérieurs doivent être maintenus propres en enlevant un peu de la couche supérieure du sol et en la remplaçant par du matériau nouveau.

Fig. 78. Nourrisseur

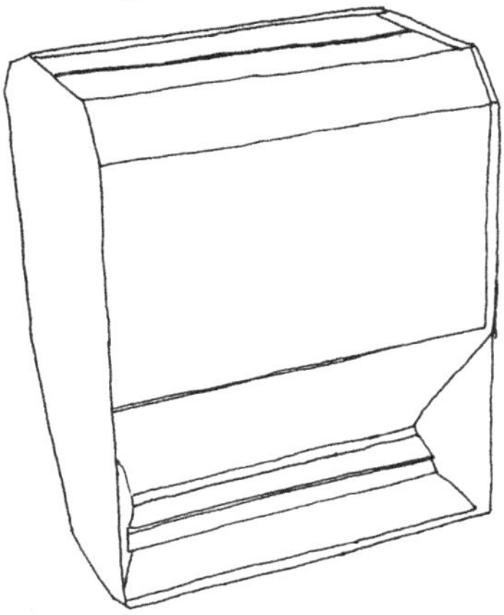

Nourrisseurs et espace d'alimentation. La plupart des nourrisseurs utilisés pour les poulets donnent toute satisfaction avec les canards, du moment que l'on prenne en considération quelques particularités du comportement alimentaire de ces espèces. Les canards consomment avec des mouvements « d'enfournement » ou de « ramassage à la pelle » et non pas de picorage comme le font les poulets. S'ils sont nourris à la main, des mangeoires en forme d'auge conviennent parfaitement. Si des nourrisseurs plus sophistiqués sont employés, ils doivent être fabriqués de façon à ce que la nourriture descende bien dans le nourrisseur à mesure qu'elle est consommée dans le bas. Il faut aussi de la place autour des nourrisseurs pour que les animaux puissent exercer leurs mouvements particuliers de préhension de l'aliment. Moyennant un rebord à l'endroit de la zone d'accès à la nourriture, afin de recueillir ce qui tombe ou ce qui tombe du bec, on peut réduire le gaspillage (voir Figure 78). Au tout début de la croissance les canetons mangent fréquemment, comme les poussins. Par la suite ils deviennent capables d'emmagasiner de la nourriture dans leur œsophage à chaque repas et ont besoin d'une fréquence réduite de repas. A partir de 4 semaines les canetons Pékin consomment facilement 100 g ou plus de granulés chaque jour en une seule fois. Il est important de leur délivrer environ 2,5 cm (1 inch) d'espace linéaire par animal pendant les 3 semaines suivantes. Au delà, on peut réduire de moitié cette longueur de mangeoire, tant qu'il n'y a pas une affluence excessive auprès de celle-ci. L'élevage de futurs reproducteurs, en leur limitant la consommation d'aliment, doit s'accompagner d'une mise à disposition de longueur de mangeoire supérieure, pour que chacun ait accès facilement à la nourriture en même temps que les autres; ceci nécessite environ 4 inches (10 cm) de longueur par canard.

Abreuvoirs pour canard. Les équipements satisfaisants pour le poulet le sont aussi pour le canard, tant que l'on prend en considération le bec du canard. Une auge, une boîte de conserve ou un abreuvoir en forme de pot peuvent être utilisés tant que l'espace d'accès à l'eau est assez large (au moins 4 cm pour les animaux les plus âgés), car le canard doit plonger son bec dans l'eau. Il en est de même avec les abreuvoirs automatiques de type gouttière, coupelle ou cloche (voir Figure 79). Les systèmes de type pipettes (voir Figure 80), s'ils sont bien ajustés à la hauteur de l'animal, conviennent très bien. Si les abreuvoirs sont placés dans le bâtiment dont le sol est couvert de litière, les abreuvoirs seront disposés sur un grillage pour réduire l'humidification de la litière (voir Section 4). Dans des bâtiments de type commercial, il est recommandé de construire une aire en ciment pour drainer l'eau en dessous des grillages.

Fig. 79. Abreuvoir en cloche

Pour les canetons en démarrage et en croissance il faut un minimum de 1 inch (2,5 cm) de linéaire d'abreuvement par sujet. On peut l'augmenter à 2 inches (5,0 cm) pour les futurs reproducteurs. Quand on emploie des pipettes il faut prévoir 15 pipettes pour 100 oiseaux en démarrage et 20 pour 100 canards pour les futurs reproducteurs et les canes en ponte. Les canetons en démarrage doivent disposer toujours de boîtes d'abreuvement ou d'augettes jusqu'à ce qu'ils aient appris à boire.

Fig. 80. Pipettes

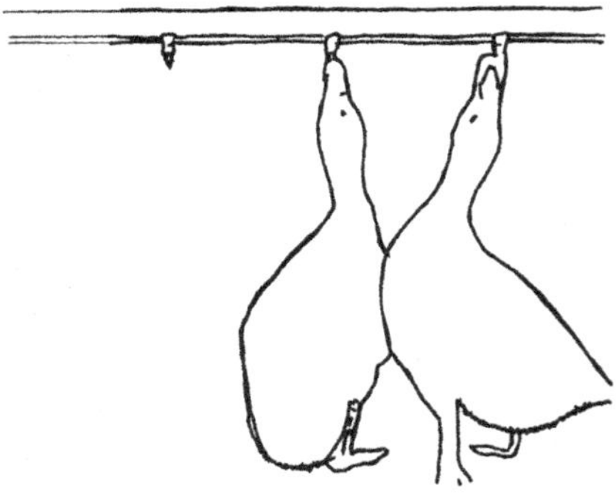

Ventilation. Les petits poulaillers pour canards ne nécessitent pas de ventilation mécanique telle que celle utilisée en élevage industriel. Cependant il faut prévoir une ventilation quand le bâtiment est fermé sur ses 4 côtés. L'ouverture des fenêtres ou une ouverture sur le faîtage sont susceptibles de fournir une ventilation adaptée.

Si les troupeaux dépassent 100 canards et sont en claustration complète, des ventilateurs peuvent devenir indispensables. Voir en Section 11 la liste des livres permettant de raisonner les problèmes de ventilation en bâtiment commercial.

Eclairement. La longueur de la saison de ponte de la cane peut être prolongée considérablement grâce à un supplément de lumière. Si ce supplément n'est pas assuré, la ponte demeure saisonnière et soumise aux cycles de la durée naturelle du jour. L'addition de lumière artificielle jusqu'à une durée du jour de 14 heures est suffisante pour stimuler la ponte de façon continue jusqu'à 7 ou 12 mois. Il faut surtout éviter tout raccourcissement de cette durée. Si les animaux ont accès à un parcours extérieur et reçoivent pleinement la durée naturelle d'éclairement, la pratique usuelle est d'allumer les lumières un peu avant le lever du soleil jusqu'à ce que celui-ci soit entièrement levé, de façon à assurer chaque jour une durée d'éclairement de 14 heures et une nuit de 10 heures. On réalise ce programme d'éclairement avec l'aide d'horloges électriques qui allument et éteignent aux heures fixées. Si de telles horloges ne sont pas utilisables on peut laisser les lampes allumées 24 heures par jour ou alors allumer et éteindre manuellement. Des ampoules de 40 watts disposées entre 2,4 et 3 m (8 à 10 pieds) au dessus du sol et espacées de 4,3 m (14 pieds) fourniront suffisamment de lumière pour stimuler l'ovulation. L'éclairement artificiel est moins important pour les animaux en croissance; les canards sont en effet capables de trouver l'eau et l'aliment dans le noir. Toutefois l'éclairage artificiel est utile en démarrage, pour aider les canetons à commencer à manger et à boire. Ceci est recommandé pendant les 3 premières semaines. Les animaux en claustration totale, comme dans les élevages commerciaux, ont souvent besoin d'un petit supplément de lumière chaque jour. Il est conseillé d'utiliser une intensité faible (ampoules de faible puissance) pour éviter la ruée des oiseaux si ceux-ci sont dérangés.

Prévention du cannibalisme. Bien que moins portés au cannibalisme que les poulets, les canards, surtout les Barbaries, tirent quelquefois sur les plumes de leurs congénères entraînant des hémorragies et la pousse de sicots qui sont délicats à enlever lors de l'abattage. Si ce problème survient, il faut raccourcir un peu le bec (mandibule supérieur), suffisamment cependant pour éviter qu'il ne repousse. On peut effectuer cette opération avec des ciseaux ou un « débecqueur » électrique tel que celui commercialisé par Lyon Electric Company (l'adresse est donnée en Section 5 de ce livre). Lors de l'éclosion on peut également procéder au débecquage thermique par un contact bref avec une lame chauffée, selon un angle de 45°, de façon à ôter l'ongle figurant au bout du bec (voir Figures 81 et 82).

Elevage et alimentation des futurs reproducteurs. Si l'on compte conserver les animaux comme reproducteurs, il faut les séparer des animaux destinés à la consommation. Les futurs reproducteurs ne doivent pas consommer toute la quantité qu'ils désirent, de façon à ne pas devenir trop gras. La restriction alimentaire permettra de: 1) retarder la maturité sexuelle, 2) augmenter l'intensité ultérieure de ponte, 3) accroître le poids de l'œuf, 4) réduire la mortalité et 5) augmenter la fertilité et l'éclosabilité des œufs. Il faut commencer la restriction le plus tôt possible après la période de démarrage (premières 2 à 3 semaines). Cependant, en pratique, on débute à 7 semaines environ, quand les

Fig. 81. Débecquage thermique

Fig. 82. Lame de débecquage thermique

reproducteurs potentiels ont été choisis à l'intérieur du troupeau. Des renseignements plus complets sur cette alimentation restreinte sont donnés ci-après. Il ne faut pas mettre en place l'éclairement artificiel avec les futurs reproducteurs, puisque la stimulation lumineuse au delà du rythme naturel peut provoquer une entrée en ponte trop précoce. Il est souhaitable, en effet, de la retarder chez la cane Pékin à 28 semaines d'âge. Ceci est possible par l'alimentation restreinte et l'éclairement réduit.

Elevage et alimentation des canes en ponte. Trois semaines environ avant que les reproductrices aient atteint l'âge du premier œuf, il faut les placer dans les lieux où elles passeront toute la période de ponte. Le bâtiment doit être équipé de lampes, de nids et de mangeoires. Si les animaux sont autorisés à sortir à l'extérieur pendant la journée, ce qui est fréquent sauf en climats froids et en élevage industriel, les abreuvoirs doivent être disposés dehors. Les animaux doivent être enfermés à l'intérieur du local pendant le nuit et les nourrisseurs fermés. Cette pratique permet aux futurs reproducteurs de s'adapter au bâtiment et à l'équipement d'élevage avant d'entrer en ponte. Une fois la ponte commencée, ils doivent pondre dans les nids. Le supplément d'éclairement artificiel doit être appliqué environ 3 semaines avant l'entrée présumée en ponte, comme cela est prescrit dans ce chapitre. Comme les mâles sont souvent plus tardifs sexuellement que les canes et qu'ils mettent un certain temps à apprendre à fertiliser les canes, on obtient une fertilité plus précoce en utilisant des mâles âgés d'un mois de plus que les femelles. Environ deux semaines avant l'entrée en ponte il faut passer les canards de l'aliment d'élevage à celui de reproduction, et augmenter progressivement la quantité d'aliment distribuée chaque jour jusqu'au pic de ponte, stade auquel l'alimentation est alors donnée à volonté.

Proportion de mâles par rapport aux femelles. Chez les souches de type « chair » comme les Pékins il faut respecter un rapport de 1 mâle pour 5 femelles, considéré comme optimum. Si l'on constate que des femelles sont blessées par les mâles, il faut réduire leur proportion à 1 pour 6 canes. Chez les souches de pondeuses d'œufs de consommation, telles que les Khaki Campbells et Tsaiyas un ratio de 1 pour 6 ou de 1 pour 7 est donné comme idéal.

Nids pour canes. Comme les canes ont l'habitude de pondre à même le sol, les nids doivent être placés au niveau du sol à l'intérieur du bâtiment (voir Figure 83). Les nids sont habituellement disposés près des murs pour ne pas gêner les déplacements du troupeau. Prévoir 1 nid pour 3 à 4 canes. Ces nids doivent posséder une litière propre et sèche telle que de la paille et des copeaux. Il faut ajouter de la litière aussi souvent que possible pour obtenir des œufs propres. Quand les nids sont trop pleins de litière ou quand celle-ci est humide et sale, il ne faut pas hésiter à la changer. Beaucoup sinon tous les problèmes d'éclosivité des œufs de canes viennent de la saleté et de l'humidité qui favorisent l'entrée des bactéries dans l'œuf et la mortalité de l'embryon. En outre, bien des problèmes pathologiques du jeune caneton viennent d'œufs sales. En évitant cette contamination par la propreté des locaux on s'assure une bonne éclosivité et une bonne santé des canetons.

Fig. 83. Nid pour cane

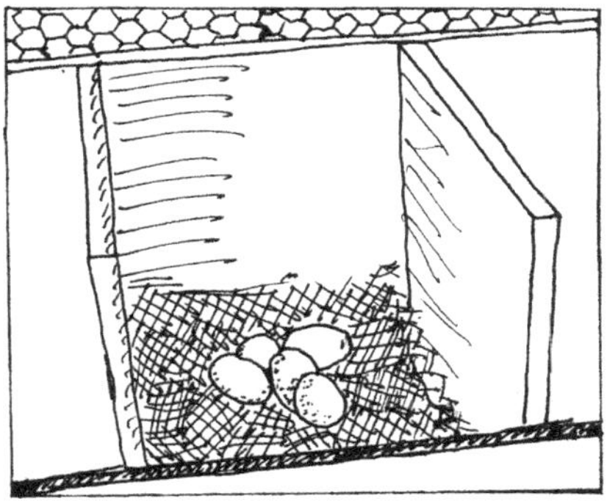

Ramassage des œufs. Les canes pondant leurs œufs très tôt le matin, avant 7 heures, il faut commencer leur collecte vers cette heure, et, si possible, une autre fois un peu plus tard, vers 10 heures. Les canes enfouissant souvent leurs œufs dans leur nid, on doit fouiller la litière avec les mains

Fig. 84. Œufs de cane Pékin

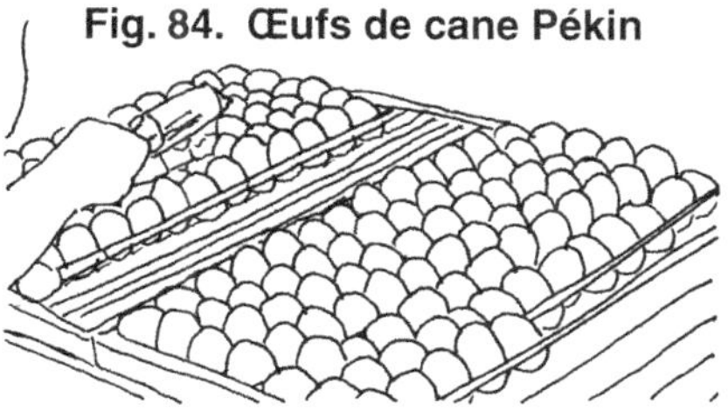

pour rechercher ceux qui seraient dissimulés. Quelques uns peuvent avoir été pondus en dehors des nids, sur la litière ou sur le parcours extérieur. Il ne convient pas de faire incuber les œufs trouvés dehors; ils peuvent avoir été contaminés par des bactéries dangereuses. On les réserve à la consommation humaine s'ils ont été récoltés récemment et si on les cuit.

Mue forcée des canes. Après 7 à 12 mois de ponte, quand l'intensité de cette ponte diminue fortement en dessous de 40%, il peut être intéressant d'induire son arrêt complet et de provoquer la mue. Après celle-ci, une nouvelle saison de ponte permettra d'augmenter le nombre d'œufs et d'améliorer la solidité des coquilles et la qualité interne de l'œuf. Il faut 8 à 12 semaines pour réaliser la mue complète et démarrer la nouvelle période de ponte. Il est essentiel de parvenir à arrêter tous les animaux en même temps et le plus rapidement possible. Les étapes à suivre sont les suivantes:

(1) Arrêter toute stimulation lumineuse (ne plus allumer les lumières artificielles le jour ou la nuit). Empêcher les oiseaux de se nourrir durant 3 jours ou jusqu'à l'arrêt complet de la ponte. Laisser tout de même les oiseaux s'abreuver.

(2) Une fois que la ponte a cessé, nourrir de nouveau selon des quantités journalières limitées en utilisant un aliment d'entretien ou de futurs reproducteurs (pour les quantités d'aliment à distribuer suivre les consignes données pour les futurs reproducteurs dans ce chapitre).

(3) Après 6 à 8 semaines et 3 semaines environ avant la date attendue de la nouvelle période de ponte, replacer les canes sur un programme lumineux de 14 heures par jour (voir section sur l'éclairement).

(4) Environ 2 semaines avant le retour de la ponte, commencer à augmenter progressivement la quantité d'aliment distribué, et passer d'un régime pour futurs reproducteurs à un régime de canes pondeuses. Quand les animaux atteignent le pic de ponte relâcher le rationnement et alimenter à volonté.

L'éclosion des œufs de canes

La majeure partie des informations fournies sur l'incubation et l'éclosion, données en Section 5, peuvent être appliquées aux canes. Les œufs à un seul jaune pèsent plus lourd chez les canes que chez les poules; il faut donc prévoir des tiroirs d'incubateur adaptés à ces gros oeufs. Habituellement l'œuf de cane exige 28 jours d'incubation. Celui de la cane Barbarie a besoin de 35 jours. On emploie des incubateurs et des éclosoirs du commerce, quand on doit incuber un grand nombre d'œufs. Les œufs de Pékin restent en incubateur pendant 25 jours et sont alors transférés en éclosoir où ils demeurent jusqu'à l'éclosion. En incubateur ils sont régulièrement retournés de façon automatique. Les usages de base pour l'éclosion des œufs de cane sont les suivants:

(1) Un jour ou deux avant l'incubation, démarrer l'incubateur afin que sa température et son hygrométrie se stabilisent. Fixer la température à 37,5°C (99,5°F) et l'humidité relative à 55% (29,2°C ou 84,5°F) d'après un thermomètre à bulbe. Mettre en route la ventilation selon les prescriptions du constructeur; si l'appareil est de fabrication artisanale, suivre les consignes données en Section 5. Les œufs doivent être tournés soit mécaniquement soit à la main au minimum 4 fois par jour et, si possible, chaque heure.

(2) Choisir les œufs à incuber avec soin après les avoir mirés. Ne pas retenir des œufs fêlés, ni ceux comportant deux jaunes, ni les trop petits, ni les trop gros, ni les déformés, ni ceux qui sont sales. Pour obtenir de bons résultats n'incuber que des œufs âgés de 1 à 3 jours après la ponte. On observe une perte de 3% d'éclosivité pour des œufs stockés 7 jours avant incubation, et environ 10% pour ceux conservés 14 jours. Excepté dans les petits incubateurs qui n'ont pas de tiroirs, disposer les œufs la petite extrémité vers le bas. Si ceux-ci ont été conservés dans un réfrigérateur, les sortir une nuit avant l'incubation pour qu'ils reprennent la température ambiante.

Fig. 85. Mirage de 6 jours

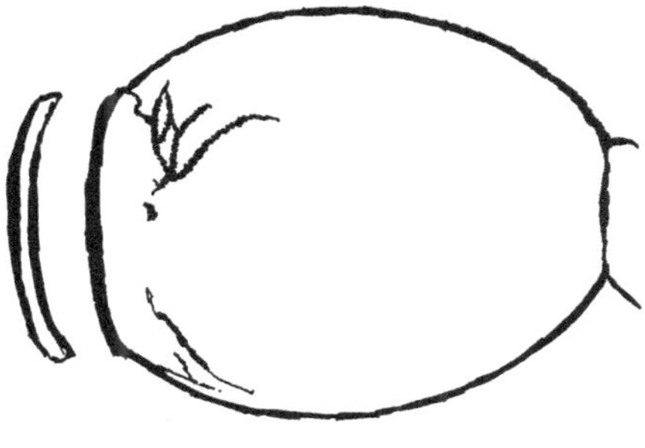

(3) Le jour d'incubation introduire les œufs dans l'incubateur, fermer les portes et laisser l'appareil retrouver sa température normale. Vérifier souvent que l'appareil fonctionne bien durant la première journée. Continuer par la suite de contrôler chaque jour le bon fonctionnement au moins 4 fois par jour.

(4) A peu près 6 ou 7 jours après le démarrage de l'incubation, mirer les œufs (voir Figures 85 et 86) et enlever les œufs infertiles (clairs) ou ceux dont l'embryon est mort (œufs troubles).

(5) A 25 jours d'incubation (œufs de Pékin) les œufs sont transférés vers l'éclosoir ou vers les tiroirs d'éclosion. Mirer de nouveau et ôter les œufs dont les embryons sont morts. Lors du transfert, la température de l'éclosoir doit être de 37,2°C (99°F) et l'humidité relative de 65% (31,1°C ou 88°F) au thermomètre à bulbe. Les œufs commencent alors à être bêchés par le bec du caneton. Il faut alors élever l'humidité à 80% (33,9°C ou 93°F au thermomètre à bulbe), et accroître de 50% les

ouvertures de ventilation. Au fur et à mesure que l'éclosion se déroule, abaisser graduellement la température de façon à ce que à la fin de l'éclosion elle soit à 36°C (97°F), et l'humidité à 70% (32,2°C ou 90°F au thermomètre à bulbe). Il faut alors assurer la ventilation maximum en fin d'éclosion. Sortir les animaux de l'éclosoir quand 90 à 95% d'entre eux sont nés et secs.

Fig. 86. Œuf fertile de 6 jours

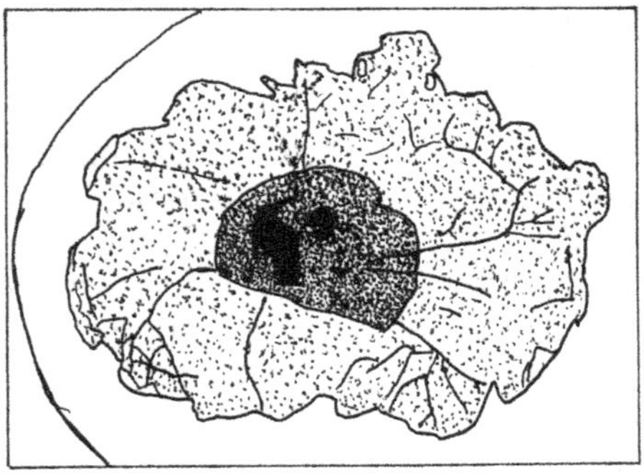

Incubation naturelle. On peut faire incuber les œufs de cane dans des conditions naturelles en les plaçant sous une cane couveuse. Les canes Barbarie sont d'excellentes couveuses, aptes à couver 12 à 15 œufs. La boîte qui sert de nid doit être disposée dans un abri sec et propre; elle doit être bien garnie de litière. L'eau et l'aliment sont à la disposition de la couveuse et des canetons fraîchement éclos.

Conservation des œufs. Si les œufs sont stockés un certain temps avant d'être incubés, il faut le faire dans des conditions de température et d'humidité qui détériorent le moins possible les qualités de l'œuf. Dans le cas d'un faible nombre, la conservation dans une cave suffit. Les conditions idéales sont 13°C (soit 55°F) et 75% d'humidité relative, si possible. Les œufs doivent être conservés le petit bout vers le bas.

Pertes normales d'eau durant l'incubation. A mesure que l'embryon se développe dans l'œuf, celui-ci perd de l'eau et la chambre à air augmente de taille. Si le caneton se développe normalement, en fin d'incubation (25 jours) la chambre à air doit occuper 1/3 du volume de l'œuf (cas des Pékins). La perte d'eau peut servir de guide pour régler les conditions d'incubation. Les œufs de cane devraient perdre 14% de leur poids après 25 jours d'incubation.

E. Nutrition du canard

La nutrition des volailles en général est discutée en détails en Section 6 de cet ouvrage. Il est indispensable à tout débutant de comprendre les principes de base selon lesquels il faut que le canard trouve dans son alimentation tous les nutriments (protéines, minéraux, vitamines...) dont il a besoin sous forme digestible pour son entretien, sa croissance, la ponte, quel que soit son mode d'alimentation: cueillette, déchets ménagers ou aliment complet. Comme évoqué en Section 6 , les pratiques d'alimentation dépendront de l'effectif du troupeau. Si l'on ne possède qu'une petite bande de type familial qui a accès à des zones de pâturage, les animaux peuvent vivre ,croître et pondre en consommant les déchets ménagers et tout ce qu'ils peuvent trouver sur les parcours. Dans ces conditions les canards croîtront probablement lentement et produiront moins d'œufs. Les canards élevés en troupeau, comme décrit plus haut, présenteront de meilleures performances, mais ils auront besoin de zones de déplacement plus étendues, y compris les champs moissonnés, et des soins du berger pour trouver suffisamment de nourriture.

Alimentation de troupeau familial sans aliment concentré. Pour les propriétaires de petits troupeaux qui disposent de moins de 15 canards et ne peuvent se procurer de l'aliment complet ou des matières premières nécessaires à la fabrication de cet aliment, les suggestions suivantes sont proposées. (1) Si possible, permettre aux canards d'accéder à des terrains où ils peuvent collecter des végétaux verts, des graines, des insectes, des larves, des vers de terre, des escargots, crabes, mollusques, grenouilles et autres produits nourrissants. (2) Offrir aux animaux les légumes du jardin non consommés, les déchets de table (les os doivent être broyés) et autres aliments éliminés. (3) Si possible, distribuer un complément d'aliment avec des matières premières disponibles comme les déchets de boulangerie, du son de riz (s'il n'est pas rance), du son de blé, de la levure, des drêches de brasserie, des brisures de riz, des déchets de poissons (cuits et non putréfiés), de la farine de crevette, du manioc, de l'huile de palme et tout autre produit de ce genre.

Alimentation de grands troupeaux plus performants. Si les éleveurs souhaitent de meilleures performances (croissance, œufs), ils doivent donner aux animaux un aliment complémentaire. Au minimum il faut leur distribuer un peu de grain. Si la taille du troupeau dépasse 15 sujets, il est vraisemblable que les animaux ne se satisferont pas de la collecte de nourriture trouvée dans les champs. Il sera nécessaire de couvrir une part plus importante de leurs besoins et bien supplémenter en nutriments indispensables. Avec plus de 15 animaux ou si l'on veut de meilleures performances, on a le choix entre de nombreuses pratiques, telles que celles citées ci-après.

(1) Si des aliments complets sont disponibles auprès de firmes d'alimentation et si leur prix est abordable, cette solution est à retenir. De tels régimes sont parfaitement équilibrés et, en conséquence, l'éleveur n'a pas à se soucier de la formulation ni à rechercher tous les ingrédients nécessaires à leur fabrication. En l'absence de rations pour canards on peut avoir recours à celles destinées aux poulets qui conviendront très bien.

(2) On peut également disposer d'un complément du commerce formulé pour compléter des céréales; c'est une solution satisfaisante. Ce

complément concentré apporte des protéines, des vitamines et des minéraux qui font en partie défaut aux céréales. On peut aussi obtenir celles-ci auprès de fermiers locaux à un prix convenable. Une quantité limitée de ce concentré est distribuée chaque jour au troupeau à côté des céréales.

(3) Si des matières premières peuvent être acquises chez des fermiers ou des commerçants à des prix corrects, les aliments peuvent être fabriqués sur place, comme décrit en Section 6. Cela suppose quelques connaissances en matière de formulation, ainsi que l'achat et le stockage des matières premières nécessaires (voir tableau 6 et Section 6).

Besoins nutritionnels du canard. Les canards ont besoin des mêmes nutriments que les poulets, mais en proportions un peu différentes. Les niveaux de nutriments pour des régimes complets sont décrites dans les Tableaux 9.4 et 9.5. Ils ont été fixés assez haut pour bien couvrir les besoins de toutes les espèces et souches de canard domestique. Les nutriments qui manquent habituellement dans les rations pratiques sont précisés dans les tables. Du fait que les niveaux de nutriments de chaque ration dépendent de sa concentration énergétique (les canards consomment de plus en plus quand cette concentration diminue), les besoins sont donnés en référence à une concentration particulière. Pour chaque ration un niveau énergétique bas et un niveau élevé sont présentés. Pour des niveaux intermédiaires on peut recalculer les nouveaux besoins par règle de trois. Des exemples de régimes couvrant les besoins des canards suggérés dans les Tableaux 9.4 et 9.5, sont présentés dans le Tableau 9.6.

Energie. La majeure partie de l'énergie d'un aliment pour canard provient de l'amidon des céréales. Les performances sont toujours meilleures lorsque l'énergie vient de cet amidon très disponible, tel celui du maïs, du blé et du sorgho. Cependant le canard tire parti de régimes présentant des niveaux très divers en énergie, en particulier ceux à base de sous-produits peu énergétiques comme les sous-produits de céréales, du moment que l'ensemble du régime reste équilibré. Heureusement au delà de l'âge de 4 semaines, le caneton possède une excellente capacité à augmenter la quantité d'aliment ingéré si le niveau énergétique est bas, de façon à assurer tout de même ses besoins. Le canard Pékin peut ainsi croître très bien avec un régime ne titrant que 2204 kcal/kg (1000 kcal/livre) d'énergie métabolisable, pourvu que le régime soit équilibré. Des exemples de régimes bien équilibrés apportant soit beaucoup soit peu d'énergie et assurant de bonnes performances sont présentés dans le Tableau 9.6. L'exemple de régime peu énergétique fait appel à des ingrédients à faible contenu énergétique, comme le son de riz ou le son de blé, et ne contient pas de protéines ni d'acides aminés ajoutés.

Protéines. Les canards, comme les autres volailles, n'exigent pas à proprement parler des protéines mais des acides aminés contenus dans les protéines des matières premières. Ces protéines alimentaires sont hydrolysées au cours de la digestion en acides aminés qui sont absorbés et utilisés par les animaux pour synthétiser leurs propres protéines, telles que les muscles ou les plumes. Certains de ces acides aminés doivent être apportés impérativement par l'aliment parce que les canards ne sont pas capables d'en effectuer la synthèse à partir d'autres molécules. Ils sont appelés « indispensables ». Lors de la formulation il faut d'abord prendre en considération ces acides aminés indispensables. Comme on l'observe dans les Tableaux 9.4 et 9.5, les concentrations en protéines varient légèrement en fonction des ingrédients retenus pour chaque formule.

Minéraux et vitamines. Les minéraux et vitamines exigés par le canard, ainsi que leur niveau, sont présentés dans les Tableaux 9.4 et 9.5. Une attention spéciale doit être portée au calcium, au phosphore et au sodium quand on calcule des formules pratiques. Noter que le phosphore s'exprime en phosphore disponible. Une règle souvent proposée est que 1/3 du phosphore des matières premières végétales (céréales, soja...) est disponible. Prés de 100% du phosphore d'origine inorganique (minéral) est disponible. Des ouvrages donnant des informations plus précises sur la disponibilité du phosphore des matières premières est fournie en Section 11. Si l'éleveur fabrique son propre aliment, la solution la plus simple pour apporter les vitamines et les oligo-minéraux est d'utiliser un prémix commercial. Si l'on ne dispose pas de prémix, le mieux est d'acheter des vitamines individuellement et de les mélanger en faisant ainsi son propre prémix. Sinon d'autres suggestions sont faites en Section 6.

Fig. 87. Reproducteurs Pékin

Aliments des futurs reproducteurs. Comme évoqué précédemment, on doit limiter la quantité d'aliment ingéré par les futurs reproducteurs afin d'éviter l'excès d'adiposité. Depuis le début de la restriction (habituellement 7 semaines) jusqu'à la maturité sexuelle (environ 28 semaines d'âge), leur ingéré quotidien est limité à 60-70% de la quantité consommée à volonté. Par exemple, des canards Pékin de type chair âgés de 7 semaines consomment à volonté chaque jour 227 g (0,5 livre) d'un aliment complet granulé contenant 3086 kcal/kg (1400 kcal/livre).

Cela représente 700 kcal ingérées chaque jour. Si l'on souhaite restreindre la consommation à 70% du niveau d'alimentation à volonté, il faut donner à chaque animal 490 kcal (700 x 0,70) quotidiennement, soit 159 g (0,35 livre) d'un aliment renfermant 3086 kcal/kg.

Si le régime de croissance présente une concentration énergétique différente, il faudra ajuster la quantité d'aliment à distribuer pour que l'on donne toujours les 490 kcal prévues (voir l'exemple du Tableau 9.6). La restriction suppose que l'on distribue chaque jour la quantité calculée. Comme les canards sont assez affamés au moment d'être nourris, l'aliment doit être répandu dans les mangeoires de façon que tous les animaux aient la possibilité de manger. Il faut disposer d'une longueur importante de mangeoire, en bois ou en ciment, placée dans une zone sèche et propre. On peut régulièrement procéder à la pesée de quelques sujets pour vérifier qu'ils prennent suffisamment de poids, mais pas trop. Si ces futurs reproducteurs ont une croissance satisfaisante, leur conformation et leur squelette seront corrects, mais leur engraissement restera très limité; ce qui se vérifie aisément en tâtant l'abdomen. Si l'adiposité demeure un peu trop importante, il faudra restreindre plus sévèrement les animaux. Au contraire, si les canards sont trop légers, on devra relâcher un peu la restriction.

L'alimentation des canes en ponte. Les nutriments que doivent contenir les régimes pour canes sont donnés dans le Tableau 9.5, et des exemples de rations sont fournis dans le Tableau 9.6. Les aliments pour canes contiennent beaucoup plus de calcium que les autres aliments de façon à couvrir les besoins engendrés par la formation de la coquille. Un niveau de 3% de calcium dans le régime est approprié pour la plupart des races de canes, y compris les excellentes pondeuses. Lorsque suffisamment de calcium est incorporé à l'aliment, il n'est pas nécessaire de distribuer des coquilles d'huîtres en plus. Cependant il ne sera pas gênant d'en laisser à la disposition des animaux, comme cela se pratique dans certains élevages.

Matières premières. Quelques lignes directrices sont proposées dans la section 6 pour le choix des matières premières; elles s'appliquent au canard comme au poulet. Quelques unes renferment des substances toxiques pour le canard et doivent exclues de leur alimentation. Le tourteau d'arachide est souvent contaminé par de l'aflatoxine, une toxine à laquelle le canard est spécialement sensible. Ce tourteau ne peut être incorporé qu'après des tests ayant démontré son absence. Le tourteau de colza est une matière première qui contient également des toxines (goitrogènes et isothiocyanates) qui sont gênantes pour le canard. Il existe heureusement des variétés de colza très pauvres en ces substances, grâce à un effort de sélection végétale. Les tourteaux issus de ces variétés sont appelés Canola au Canada. Cependant même le Canola doit être analysé avant usage chez le canard.

Qualité des aliments. L'éleveur de canards, comme tout éleveur d'autres espèces animales, doit s'assurer que les produits entrant dans la fabrication des aliments sont de bonne qualité. L'une des principales causes de mauvaise qualité est la séchage incomplet des céréales et autres matières premières avant stockage. Si on conserve des grains trop humides sans les aérer et les brasser, ces grains vont chauffer et moisir, entraînant alors une destruction des éléments nutritifs. Comme expliqué plus loin, quelques moisissures peuvent produire des substances toxiques pour le canard. Il faut donc s'assurer que les aliments complets ou les matières premières destinés au canard sont bien secs et dépourvus de moisissures toxiques. Si on distribue aux animaux des déchets ménagers, des sous-produits de boulangerie ou d'autres produits humides, on s'assurera que les mangeoires sont propres en fin de journée. Si de telles matières subsistent plus longtemps dans les nourrisseurs, elles risquent de moisir. Les matières premières devant être conservées longtemps doivent contenir au maximum 10 à 12% d'humidité. Ne pas distribuer non plus aux animaux des matières grasses rances. Le son de riz, s'il n'est pas proprement séché et conservé, a tendance à rancir. Eviter aussi les poissons ou sous-produits de poissons putréfiés.

Eau. Beaucoup d'eau propre et potable doit être mis à la disposition des canards au moins 8 à 12 heures par jour. Dans quelques systèmes d'élevage il peut être judicieux de cesser l'alimentation et l'abreuvement pendant la nuit, afin de conserver un bon état des litières à l'intérieur des bâtiments. Cela s'applique aux animaux âgés de plus de 3 semaines. Bien réalisée cette technique n'altère pas les performances. Les canards en croissance ou en ponte n'ont pas réellement besoin d'eau pour nager. Toutefois un peu d'eau pour patauger ou nager peut être bénéfique, surtout en climat chaud. Les canards peuvent ainsi dissiper de la chaleur en excès par le bec et les pattes en contact avec l'eau dont la température est au dessous de celle du corps (41,7°C soit 107°F). Une température de l'eau de 10 à 21°C (50 à 70°F) est idéale pour le canard.

Farine ou granulés. Il est bien établi que les canetons poussent plus vite lorsqu'ils reçoivent leur aliment sous forme de granulés qu'en farine. Il est donc d'usage de granuler tous les aliments destinés aux canards en production commerciale.

Cependant les aliments granulés ne sont pas disponibles partout. De plus il est difficile au propriétaire d'un petit troupeau de granuler son propre aliment. Les granuleuses sont des machines qui coûtent cher et qui ne sont achetées que par les fabricants d'aliments ou les gros élevages. Le problème de l'alimentation sous forme de farine est la formation d'une pâte collante lorsqu'elle est mélangée à la salive; cette pâte s'accumulant à la périphérie du bec. Pour essayer de nettoyer leur bec des croûtes de cette pâte, les canards trempent fréquemment leur bec dans l'eau et gaspillent ainsi de l'aliment. L'alimentation avec de la farine diminue aussi notablement la quantité d'aliment ingéré et donc, pour les canards de chair, la vitesse de croissance. La solution pour les propriétaires de petits troupeaux est alors de mélanger la farine à de l'eau. On fait le mélange juste avant de nourrir. Il faut utiliser une proportion suffisante d'eau pour obtenir une pâte épaisse et non liquide. Mélanger seulement la quantité d'aliment que les animaux sont capables d'ingérer en quelques heures et, au maximum, dans la journée. Les méthodes de mélange décrites dans la Section 6 peuvent être retenues pour l'humidification de l'aliment.

Taille des granulés. Quand on a recours aux aliments granulés, il faut veiller à ce que les granulés ne soient pas de trop gros diamètre, ni trop longs, pour faciliter leur ingestion. Pour des canetons d'un jour, le diamètre ne doit pas excéder 4 mm (5/32 d'inch) et la longueur demeurer inférieure à 7,94 mm (5/16 inch). Après 2 semaines d'âge les canetons Pékin sont aptes à ingérer sans difficulté des granulés de 4,76 mm (3/16 inch) de diamètre et environ 12,7 mm (1/2 inch) de longueur.

Abattage du canard

Les canards sont sacrifiés et présentés avec des méthodes proches de celles du poulet. Cela peut se faire à petite échelle avec du matériel relativement simple ou dans un abattoir moderne dans lequel les tâches sont en majorité mécanisées. Les animaux sont tués en les plaçant la tête vers le bas dans des entonnoirs, ou en les pendant par les pattes à une chaîne d'abattage, puis en sectionnant la veine jugulaire et la carotide d'un côté près de la mâchoire. Les animaux sont ensuite trempés dans de l'eau à 57-63°C (135-145°F) pendant 2 à 3 minutes. Ils peuvent être alors plumés à la main ou à la machine à plumer (plumeuse) constituée d'un tambour muni de « doigts ». Pour finir la plumaison et retirer les sicots, contrairement au poulet, on plonge les carcasses dans un bain de cire chaude. La cire est ensuite solidifiée par trempage dans de l'eau froide. La cire est enlevée et entraîne avec elle les sicots (Figure 88). Comme le duvet et les petites plumes de canard peuvent être utilisés pour fabriquer des édredons ou des vestes chaudes, les plumes brutes sont quelquefois lavées, séchées et empaquetées en vue de la vente à des entreprise spécialisées.

Fig. 88. Enlèvement de la cire

Les maladies du canard

La prévention des maladies, évoquée en Section 7, est tout aussi importante chez le canard que chez les autres volailles. Les maladies principales du canard domestique sont décrites brièvement ci-dessous. Pour plus de renseignements il faut se reporter aux sources données dans la Section 11.

L'hépatite virale. Le virus de l'hépatite virale du canard est très contagieuse et fatale pour le caneton lors des 3 premières semaines de vie. Ils sont très sensibles quand ils sont jeunes et deviennent progressivement résistants. La maladie se rencontre rarement au delà de 4 semaines. Le démarrage de la maladie est très rapide. Elle se répand très vite dans tout le troupeau et peut aboutir à 90% de mortalité. Les sujets malades développent des contractions spasmodiques des pattes et meurent en une heure dans une position typique de dos voûté. Le foie est enflé et présente des tâches hémorragiques (ruptures de vaisseaux). Les mesures efficaces de lutte sont: les précautions pour empêcher l'introduction de la maladie, la séparation des différents groupes d'âge et la vaccination des reproducteurs avec un virus atténué de façon à immuniser les canetons dès l'éclosion.

L'entérite virale du canard (peste du canard): Il s'agit d'une maladie très grave, contagieuse et souvent fatale, causée par un virus herpés. Elle touche souvent les adultes, mais on peut tout de même l'observer chez les jeunes. Les animaux atteints ont un comportement mou, des plumes ébouriffées et des diarrhées jaunâtres contenant parfois des traces de sang. Les sujets morts présentent des plumes tâchées de sang autour du cloaque et des gouttes de sang sortant des narines. On observe aussi des hémorragies dans tous les tissus. Des lésions éruptives de la muqueuse de l'œsophage et de l'intestin sont des signes caractéristiques. Une immunisation permanente des reproducteurs avec un virus atténué apporte une protection efficace.

Riemerella anatipestifer: Cette maladie d'origine bactérienne est aussi appelée Pasteurellose anatipestifère ou Nouvelle maladie du canard. Elle entraîne une mortalité importante, des pertes de poids et des carcasses de mauvaise qualité lors de l'abattage. Sous la forme aiguë on constate de l'apathie, des écoulements oculaires et de la diarrhée. Les canards présentent des troubles de la coordination, des tremblements de la tête et des cous tordus. Les oiseaux sont trouvés sur le dos battant des pattes. Les lésions typiques observées chez les sujets morts sont des infections des sacs aériens, des membranes du cœur, du foie, du cerveau et de la moëlle épinière. On peut empêcher la maladie par des mesures de prévention et par la vaccination avec des bactérines.

Le choléra. Le choléra aviaire, causé par *Pasteurella multocida* est une importante maladie du canard domestique et spécialement inquiétante en Asie. Elle est constatée lors de conditions sanitaires déficientes et de présence d'eau stagnante sur les parcours. Les symptômes comprennent la perte d'appétit, des écoulements muqueux du bec, de la diarrhée et, chez les reproducteurs, une respiration difficile. Chez les sujets morts on observe des hémorragies du muscle cardiaque, du mésentère et du tissu adipeux abdominal. Le foie est hypertrophié, de couleur cuivrée et friable. De petites tâches blanchâtres peuvent être signalées sur le foie. De bonnes habitudes de propreté conduisent à la prévention. Les médicaments efficaces, incorporés à l'aliments sont: la sulfaquinoxaline (0,05%), la sulfadiméthoxine-ormetoprim (0,02-0,04%) et de la chlortétracycline –0,044%).

La colibacillose. Cette infection très commune, causée par *Eschérichia coli,* entraîne une baisse de l'éclosivité, une infection du sac vitellin (omphalite) et une septicémie (invasion microbienne du sang) chez les canetons de 2 à 8 semaines, et une salpingite ou une péritonite chez les adultes. Chez le canard de chair les attaques d'*E. coli* produisent des lésions semblables à celles que l'on observe avec *Anatipestifer* (voir plus haut). Une bonne hygiène et un entretien correct sont des moyens sûrs de prévention. Le mélange sulfadiméthoxine-ormétoprim (0,02-0,08% de l'aliment) permet de contrôler la maladie.

Aspergillose. Des conditions favorables à ce mal surviennent si les canards inhalent des spores disséminées par *Aspergillus fumigatus* qui se développe sur la paille ou la nourriture humide. Les spores provoquent de nombreux nodules ou des plaques dans les poumons et les sacs aériens. Les symptômes habituels comprennent le halètement, l'apathie et la déshydratation. Il ne faut pas confondre cette maladie avec l'empoisonnement par l'aflatoxine décrit plus loin. Le meilleur moyen de lutte est d'éviter la paille moisie et d'empêcher l'aliment de s'humidifier.

Toxines.

L'aflatoxine. Les moisissures qui poussent sur les céréales et les graines oléagineuses avant ou après la récolte produisent plusieurs toxines qui sont particulièrement nuisibles au canard. L'aflatoxine est de loin la plus dangereuse. Les aflatoxines sont produites par *Aspergillus flavus* et *Aspergillus parasiticus.* Les canards sont tout particulièrement sensibles à ces toxines. De très faibles quantités provoquent de la mortalité. Des conditions de récolte humides favorisent le développement de ces champignons.

Le botulisme. Les canards, qui ont accès à des mares ou à des zones où se trouvent des matières organiques en décomposition (carcasses d'animaux, en particulier), peuvent consommer des toxines sécrétées par *Clostridium botulinum.* Cela arrive quand la température ou d'autres conditions favorisent le développement de ce micro-organisme anaérobie (vivant sans oxygène) sporulé. Le botulisme provoque une paralysie flasque et progressive du cou, des pattes et des ailes. Les animaux touchés meurent par coma en 24 à 48 heures.

La graine de ricin. Des incidents de forte mortalité chez le canard sauvage, dus à la consommation de graines de ricin (*Ricinus communis*) ont été rapportés au Texas. Ces graines contiennent de la ricine, une toxalbumine connue pour causer des intoxications chez l 'homme et les animaux domestiques.

Insecticides, raticides. Les éleveurs doivent prendre soin à ne pas utiliser des bombes insecticides ou des poisons pour rats et souris qui soient toxiques pour le canard. Quelques insecticides en bombes sont très toxiques pour le canard: le parathion et le diazinon. Il faut toujours lire avec soins les indications d'emploi figurant sur les boîtes avant usage auprès de canards. Les raticides contenant de la Wafarine, un anticoagulant, peuvent provoquer une hémorragie mortelle, s'ils sont consommés.

TABLE 9.4 TENEURS CONSEILLEES EN NUTRIMENTS POUR LE CANARD

Nutriment	***Démarrage, 0-14 jours***		***Croissance-finition, 14-49 jours***	
(% ou concentration)	***Haute énergie***	***Basse énergie***	***Haute énergie***	***Basse énergie***
Energie métabolisable, kcal/kg[1]	3086	2646	3086	2646
Energie métabolisable, kcal/livre[1]	1400	1200	1400	1200
Acide linoléique, %	1,00	0,87	1,00	0,88
Protéines, % (approximativement)[2]	22,0	19,1	16,1	14,0
Lysine, %	1,20	1,04	0,80	0,70
Méthionine, %	0,47	0,41	0,35	0,31
Méthionine + cystine, %	0,80	0,70	0,60	0,52
Tryptophane, %	0,23	0,20	0,20	0,17
Arginine, %	1,20	1,04	1,00	0,88
Valine, %	0,88	0,77	0,80	0,70
Thréonine, %	0,80	0,70	0,60	0,52
Isoleucine, %	0,88	0,77	0,70	0,61
Histidine, %	0,44	0,38	0,35	0,31

TABLE 9.4 (suite)

Nutriment	*Démarrage, 0-14 jours*		*Croissance-finition, 14-49 jours*	
(% ou concentration)	*Haute énergie*	*Basse énergie*	*Haute énergie*	*Basse énergie*
Leucine, %	1,40	1,22	1,30	1,14
Phénylalanine, %	0,80	0,70	0,70	0,61
Phénylalanine + tyrosine, %	1,50	1,31	1,30	1,14
Calcium, %	0,70	0,57	0,65	0,57
Phosphore disponible, %	0,40	0,35	0,35	0,31
Sodium, %	0,15	0,13	0,14	0,12
Chlore, %	0,16	0,14	0,14	0,12
Potassium, %	0,60	0,52	0,60	0,52
Magnésium, mg/kg	500	35	500	435
Manganèse, mg/kg	50	44	40	35
Zinc, mg/kg	60	52	60	52
Sélénium, mg/kg	0,15	0,13	0,15	0,13
Iode, mg/kg	0,40	0,35	0,40	0,35
Fer, mg/kg	80	70	80	70
Cuivre, mg/kg	8	7	6	5
Vitamine A, UI/kg	5000	4350	4000	3480
Vitamine D3, UI/kg	600	522	500	435
Vitamine E, UI/kg	25	22	20	17
Vitamine K, UI/kg	2	2	1	1
Choline, mg/kg	1300	1130	1000	870
Riboflavine, mg/kg	4	4	3	3
Niacine, mg/kg	50	44	40	35
Acide pantothénique, mg/kg	12	10	10	9
Thiamine, mg/kg	2	2	2	2
Vitamine B12, mg/kg	0,01	0,01	0,005	0,004
Pyridoxine, mg/kg	3	3	3	3
Acide folique, mg/kg	0,50	0,50	0,25	0,22
Biotine, mg/kg	0,15	0,13	0,10	0,09

[1] Valeur énergétique sur laquelle les autres besoins sont basés.
[2] En formulant pour atteindre les besoins en acides aminés, la teneur en protéines peut varier.

TABLE 9.5 TENEURS CONSEILLEES EN NUTRIMENTS POUR LE CANARD

Nutriment	*Futurs reproducteurs*		*Reproducteurs*	
(% ou quantité par kg)	*Haute énergie*	*Basse énergie*	*Haute énergie*	*Basse énergie*
Energie métabolisable, kcal/kg[1]	2866	2205	2866	2646
Energie métabolisable, kcal/livre[1]	1300	1000	1300	1200
Acide linoléique, %	1,10	0,80	1,00	0,93
Protéines, % (approximativement)[2]	17,6	12,8	17,5	16,2
Lysine, %	0,88	0,64	0,80	0,74
Méthionine, %	0,38	0,28	0,40	0,37
Méthionine + cystine, %	0,66	0,48	0,65	0,60
Tryptophane, %	0,22	0,16	0,20	0,18
Arginine, %	1,10	0,80	0,87	0,80
Valine, %	0,88	0,64	0,75	0,69
Thréonine, %	0,66	0,48	0,58	0,54
Histidine, %	0,38	0,28	0,37	0,34
Isoleucine, %	0,77	0,56	0,72	0,67
Leucine, %	1,43	1,04	1,22	1,13
Phénylalanine, %	0,77	0,56	0,70	0,65
Phénylalanine + tyrosine, %	1,43	1,04	1,10	1,02
Calcium, %	0,75	0,55	3,00	2,77
Phosphore disponible, %	0,40	0,29	0,40	0,37
Sodium, %	0,16	0,12	0,15	0,14
Chlore, %	0,15	0,11	0,14	0,13
Potassium, %	0,66	0,48	0,60	0,56
Magnésium, mg/kg	550	400	500	465
Manganèse, mg/kg	44	32	40	37
Zinc, mg/kg	66	48	60	56
Sélénium, mg/kg	0,16	0,12	0,15	0,14
Iode, mg/kg	0,44	0,32	0,40	0,37
Fer, mg/kg	88	64	70	65
Cuivre, mg/kg	7	5	6	5,6
Vitamine A, UI/kg	4400	3200	6000	5580
Vitamine D3, UI/kg	550	400	600	558
Vitamine E, UI/kg	22	16	30	28
Vitamine K, UI/kg	2	2	2	2
Choline, mg/kg	1100	800	1000	930
Riboflavine, mg/kg	4	3	4	4

TABLE 9.5 (suite)

Nutriment	*Futurs reproducteurs*		*Reproducteurs*	
(% ou quantité par kg)	*Haute énergie*	*Basse énergie*	*Haute énergie*	*Basse énergie*
Niacine, mg/kg	44	32	50	46
Acide pantothènique, mg/kg	11	8	12	11
Thiamine, mg/kg	2	2	2	2
Vitamine B12, mg/kg	0,01	0,01	0,01	0,01
Pyridoxine, mg/kg	3	2	3	3
Acide folique, mg/kg	0,30	0,22	0,50	0,50
Biotine, mg/kg	0,11	0,08	0,15	0,14

[1] Le niveau d'énergie métabolisable sert de base d'expression aux besoins en nutriments.
[2] En formulant sur les besoins en acides aminés, la teneur en protéines peut varier.

TABLE 9.6 EXEMPLES DE REGIMES COMPLETS POUR CANARD

	Démarrage, 0-14 jours		*Croissance-finition, 14-49 jours*	
Ingrédients	*Haute énergie 3086 kcal/kg*	*Basse énergie 2646 kcal/kg*	*Haute énergie 3086 kcal/kg*	*Basse énergie 2646 kcal/kg*
	%	%	%	%
Maïs broyé	64,44	35,37	73,37	47,81
Sorgho	—	10,0	—	—
Remoulages de blé	—	4,36	3,04	15,63
Son de blé	—	20,00	—	15,06
Son de riz	—	10,00	—	10,00
Tourteau de soja, 48,5%	26,54	—	17,20	—
Gluten de maïs	—	1,63	—	—
Tourteau de tournesol	—	—	—	5,00
Farine de poisson (menhaden)	1,50	8,50	—	5,00
Farine de viande et d'os	5,00	—	4,87	—
Levure de brasserie	—	9,17	—	—

TABLE 9.6 (suite)

Ingrédients	*Démarrage, 0-14 jours*		*Croissance-finition, 14-49 jours*	
	Haute énergie 3086 kcal/kg	***Basse énergie 2646 kcal/kg***	***Haute énergie 3086 kcal/kg***	***Basse énergie 2646 kcal/kg***
	%	%	%	%
Graisse (mélange animal+végétal)	1,51	—	0,56	—
Calcaire	0,07	0,21	0,11	0,57
Phosphate bicalcique	—	—	—	0,18
DL-méthionine	0,11	—	0,05	—
Sel	0,22	0,15	0,21	0,14
Oligo-minéraux	0,10	0,10	0,10	0;10
Prémix vitaminé	0,50	0,50	0,50	0,50
TOTAL	100	100	100	100

Ingrédient	*Futurs reproducteurs*[1]		*Reproducteurs*	
	Haute énergie 2866 kcal/kg	***Basse énergie 2205 kcal/kg***	***Haute énergie 2866 kcal/kg***	***Basse énergie 2646 kcal/kg***
	%	%	%	%
Maïs broyé	61,18	17,88	62,49	53,92
Sorgho	—	15,00	—	—
Issues de meunerie	14,33	—	5,62	6,14
Son de blé	—	50,51	—	10,0
Son de riz	—	10,00	—	5,00
Tourteau de soja, 48,5%	19,50	—	16,68	—
Tourteau de ournesol	—	0,47	—	3,18
Farine de poisson (menhaden)	—	4,75	1,00	8,00
Farine de viande et d'os	2,00	—	5,00	2,00
Levure de brasserie	—	—	—	5,00
Graisse (mélange animal+végétal)	0,38	—	1,50	—
Calcaire	0,72	0,62	6,71	6,01
Phosphate bicalcique	0,96	—	0,09	—

TABLE 9.6 (suite)

	Futurs reproducteurs[1]		*Reproducteurs*	
Ingrédient	***Haute énergie 2866 kcal/kg***	***Basse énergie 2205 kcal/kg***	***Haute énergie 2866 kcal/kg***	***Basse énergie 2646 kcal/kg***
	%	%	%	%
DL-méthionine	0,08	—	0,09	—
Sel	0,26	0,16	0,22	0,16
Oligo-minéraux	0,10	0,10	0,10	0,10
Prémix vitaminé	0,50	0,50	0,50	0,50
TOTAL	100	100	100	100
Aliment/canard/ jour, g[1]	171 (490 kcal)	222 (490 kcal)	—	—

[1] A distribuer en restriction, selon 60 à 70% de la consommation des animaux à volonté. Ces quantités journalières sont données pour les canards Pékin, 7-28 semaines.

Section 10

autres volailles

A. Oies. Les oies domestiques sont élevées pour leur chair, la production d'œufs, les plumes et quelquefois pour leur aptitude à désherber les champs ou à servir de gardiens. Ce sont des animaux de grande taille, résistants, agressifs et bruyants qui ne nécessitent que peu de soins quand ils sont adultes. Les oies peuvent vivre 30 ans. Certains éleveurs les préfèrent car elles sont plus robustes que les canards et se contentent d'herbe. Parmi 9 races reconnues, celles qui viennent d'Afrique ou de Chine sont les mieux adaptées aux tropiques. Les oisons n'ont pas besoin de couveuse, mais ils doivent être conservés au chaud et au sec durant les premières semaines. En présence de la mère aucun abri n'est nécessaire sauf si le temps est très froid. Il faut enfermer les oisons pendant la nuit pour les protéger des prédateurs. Bien qu'ils aiment nager, ils n'ont pas besoin d'eau pour se reproduire. L'idéal est de distribuer un aliment de démarrage de 20 à 22% de protéines sous forme de granulés. Ils peuvent sortir en extérieur dès 2 à 6 semaines. Si on dispose de beaucoup de pâturage, les oies n'ont guère besoin de plus de 1 kg (2 livres) d'aliment complémentaire par sujet et par semaine pour présenter une croissance normale.

B. Pintades. La chair de pintade est appréciée dans quelques pays pour son goût qui ressemble à celui d'un gibier. Elles servent de gardiens dans quelques fermes. Ce sont des animaux plus sauvages que les autres volailles, dissimulant leur nid et qui ne s'adaptent pas aussi facilement que le poulet à la claustration. Il ne faut pas les déranger durant la ponte, et 2 à 3 œufs doivent être laissés dans les nids pour y attirer les femelles. Une poule couveuse est une meilleure mère que la femelle pintade. Les pintadeaux éclosent après 28 jours d'incubation. On les démarre aisément avec un régime titrant 24% de protéines; cette teneur peut être ramenée à 15% pendant la croissance sous forme d'aliment en farine. Les œufs sont plus petits que ceux des poules et leur production est limitée à 100 œufs par an. Dans quelques régions il existe un marché pour l'œuf de pintade. Si on les nourrit le soir, elles peuvent rentrer sous un abri pour passer la nuit. A l'âge de 18 semaines elle peuvent peser jusqu'à 1,5 kg (3,5 livres) lorsqu'on les vend pour la consommation.

C. Dindes. A l'origine oiseau rustique des forêts d'Amérique du Nord, la dinde a été domestiquée et sélectionnée sur son poids pour devenir une viande bon marché. Les deux races les plus répandues, les Blancs et les Bronzés, présentent des difficultés de reproduction en raison du poids vif très élevé des mâles et de leur fertilité médiocre. Les dindonneaux ont tendance à la panique et peuvent se briser la nuque en courant dans les enclos, où ils peuvent s'entasser et étouffer. Ils peuvent aussi être attirés par un récipient rempli d'eau ou sauter dans un seau d'eau. Ils sont aussi susceptibles de jeûner faute d'être familiarisés avec la nourriture. L'éleveur doit donc les attirer vers les mangeoires en tapant de la main sur les récipients pour simuler le bruit du picorage de l'aliment. Des couleurs brillantes, comme le rouge, peuvent les attirer vers les nourrisseurs et les abreuvoirs.

Les dindons souffrent souvent d'une maladie appelée le « blackhead ». Les symptômes sont des fientes jaunâtres et de grandes lésions rondes sur le foie. L'agent causal, un parasite protozoaire, peut aussi affecter légèrement les poulets. Il est habituellement transmis par un vers fécal, un nématode de 1 cm de long qui vit dans les caeca ou dans la fin de l'intestin. On évite de grosses pertes chez les dindons en respectant la règle: « ne jamais élever ensemble des dindons et des poulets ». La coccidiose, bien que provoquée par des espèces différentes de celles du poulet, exige des méthodes de prévention semblables.

Il faut un mâle pour 4 à 5 femelles. Cependant grâce à l'insémination artificielle on a besoin d'un seul mâle pour 10 femelles. Les dindonneaux exigent un aliment de démarrage contenant 28% de protéines; cette teneur peut être ramenée à 20% pendant la croissance et 15% en finition.

Jusqu'à une période récente la dinde était considérée comme un met de luxe réservé surtout aux repas festifs. Leur grande taille (8 à 15 kg) limite les possibilités de conservation sans réfrigération. Le développement de races de grand calibre, l'élevage en claustration, le désossage et la découpe ont beaucoup accru le marché de la viande de dinde. Celle-ci entre en compétition avec la viande de bœuf et celle de poulet pour satisfaire la demande croissante de viande.

D. Pigeons. Une fois mis en place un élevage de pigeons peut pratiquement s'entretenir tout seul. Des races alourdies, comme le King blanc ou le Voyageur géant sont préférées au pigeon commun qui peuplent les jardins de villes. Un couple peut donner naissance à 10 pigeonneaux ou plus chaque année, à raison de 2 par couvée. Les pigeonneaux commencent à se nourrir tout seuls vers l'âge de 25 à 30 jours, alors qu'ils sont totalement emplumés mais ne savent pas encore voler. Tout local à l'abri de la pluie peut servir de bâtiment d'élevage, s'il est à l'abri des chats, des chiens, des serpents et des rats. En Egypte, des abris spécialisés, ou pigeonniers, sont construits afin de recueillir les fientes qui constituent un fertilisant plus rentable que la production de pigeonneaux elle même.

E. Cailles. La viande et les œufs de caille figurent parfois en bonne place sur les menus de restaurants imaginatifs, pour répondre à la demande de viande au goût de gibier. La caille japonaise (*Coturnix japonica*) et le colin de Virginie sont tous deux produits à des fins commerciales. Ils sont élevés généralement en batteries. La caille japonaise est plus prolifique, car elle atteint l'âge de la reproduction vers 6 semaines.

Section **11**

Autres informations

A. Glossaire—Définition de la terminologie avicole.

Abcès—Rassemblement de pus dans une cavité tissulaire habituellement entourée d'une zone inflammatoire.

Aigu—Maladie présentant une progression rapide et sévère.

Additif—Molécule ajoutée à un aliment de base.

Agglutination—Test sérologique permettant de déterminer le niveau d'anticorps; exemple: test pour détecter *salmonella pullorum.*

Albumines—Une classe des protéines solubles dans l'eau.

Allantoïde—Membrane extra-embryonaire dans l'œuf.

Acide aminé—Un des acides organiques qui entrent dans la constitution des protéines.

Anémie—Etat dû à une baisse d'hémoglobine et des globules rouges dans le sang.

Antibiotique—Molécule chimique produite par un microorganisme, qui est capable de détruire certaines bactéries et autres microorganismes.

Anticoccidien—Molécule, incorporée dans l'aliment pour empêcher le développement des coccidies.

Antigène—Substance qui provoque, après introduction dans le sang ou un tissu, l'apparition d'un anticorps.

Antioxydant—Molécule chimique utilisée pour protéger certains aliments de l'oxydation.

Antitoxine—Substance présente dans le sang d'un animal devenu résistant à une toxine donnée.

Aspergillose—Maladie causée par un champignon présent dans les litières humides.

Autopsie—Examen d'un animal après sa mort.

Bactérie—Organisme unicellulaire microscopique pouvant être pathogène ou, au contraire bénéfique pour l'hôte.

Bactérine—Sorte de vaccin protégeant contre les seules bactéries et produit à partir de bactéries mortes.

Balut—œuf de cane embryonné.

Barbillon—Partie de peau brillante et colorée qui pend sous le bec des oiseaux.

Béchage—Action du poussin qui, avant d'éclore, perce sa coquille.

Bréchet—Os de la poitrine des oiseaux.

Cannibalisme—Comportement anormal des oiseaux consistant à chercher à piquer les plumes de leurs congénères.

Caecum—Poches à la jonction de l'intestin grêle et du gros intestin.

Claustration—Conditions d'élevage où les animaux restent enfermés dans le bâtiment.

Cloaque—Endroit où débouchent à la fois l'intestin et des canaux urinaires.

Coccidiose—Maladie due à un protozoaire, entraînant de lourdes pertes en aviculture.

Concentré—Aliment renfermant des quantités importantes de nutriments.

Débecquage—Opération consistant à raccourcir l'extrémité du bec.

Disque germinal—Petite tâche sur le jaune de l'œuf, site du futur embryon.

Eleveuse—Machine fournissant de la chaleur aux jeunes oiseaux.

Féces—Excrétions du tube digestif.

Gésier—Estomac musculaire des oiseaux.

Immunité—Etat d'un animal protégé contre une maladie donnée.

Inflammation—Etat d'un tissu qui enfle, rougit, chauffe et engendre de la douleur à la suite d'une infection.

Intégration—Organisation d'une production avicole (ou autre) où l'ensemble des opérations (incubation, élevage, reproduction, alimentation...) dépend d'une seule direction.

Jabot—Poche formée par un élargissement de l'œsophage chez les oiseaux.

Lésion—Désorganisation d'un tissu à la suite d'une blessure ou d'une infection.

Métabolisme—Ensemble des réactions chimiques et processus physiques fonctionnant dans un organisme vivant.

Mirage—Examen de l'intérieur d'un œuf par éclairage avec une source lumineuse puissante.

Oocyste—Œuf qui est le stade infectieux des coccidies.

Picorage—Action de préhension des aliments par les oiseaux gallinacés.

Prémix—Mélange de substances telles que vitamines, minéraux et additifs et d'un support, qui est destiné à être incorporé en faible proportion à des matières premières pour constituer un aliment complet.

Protozoaire—Organisme unicellulaire appartenant au règne animal.

Proventricule—Estomac sécrétoire des oiseaux placé au dessus du gésier.

Rachitisme—Maladie causée par une carence en vitamine D3 et engendrant des os mous.

Sac aérien—Partie du système respiratoire spécifique des oiseaux, en plus des poumons.

Salmonelle—Genre de bactérie créant des troubles digestifs chez l'homme et les animaux.

Sicot—Petit étui conique renfermant la future plume.

Toxine—Molécule toxique produite par un microorganisme, un champignon ou une plante.

Tumeur—Croissance anormale d'un tissu qui ne s'apparente pas aux cellules voisines.

Vaccin—Suspension d'organismes morts ou modifiés en vue de la protection de l'animal par production d'anticorps.

Virus—Organisme unicellulaire invisible par les microscopes classiques, mais repérables par microscopie électronique.

Vitamine—Composé organique jouant un rôle essentiel dans le métabolisme, non synthétisable par l'animal et qui doit, donc, être apporté par l'alimentation.

B. Références utiles

GENERALITES

a. Anonyme, non daté. Arbor Acres Broiler Breeders Feeding and Management.(Elevage et alimentation des reproducteurs Arbor Acres) Arbor Acres Farm, Inc., Glastonbury, Connecticut 06033, USA.

b. Ash, W.A., 1976 Raising ducks (L'élevage des canards). Farmers Bulletin N°. 2215. USDA, Superintendent of documents, US Govt. Printing Office, Washington, D.C.

c. Ensiminger, M. 1980. Poultry Science. 2ème édition. Interstate Printers & Publishers, Danville, Illinois 61832 USA.

d. Hetzel, D.J.S., 1986. Domestic ducks: An historical perspective. (Le canard domestique: perpectives historiques). In Duck Production and World Practice, pp. 1-5.

e. Holderread D., 1987. Raising the Home Duck Flock. (L'élevage du troupeau familial de canards). A Garden Way Publishing Book. Storey Communications Inc., Pownal, Vermont 05261.

f. Nesheim, M.C., Austic, R., Card, L. 1979. Poultry Production (La Production avicole). 12èmeEdition, Lea & Febiger, Box 3024, 200 Chesterfield Parkway, Malvern, PA 19344-9725. Utilisé comme livre de débutant dans beaucoup de Départements d'aviculture. Orientation actuelle vers des opérations avicoles commerciales.

g. North, Mack O., 1986. Commercial Chicken Production Manual (Manuel de production avicole commerciale). 3ème édition. Ce livre contient de nombreuses données sur le développement d'entreprises commerciales avicoles. 115 Fifth Avenue, New York, NY 10003, USA.

h. Orr, H.L., 1969. Duck and Goose Raising (L'élevage des canards et des oies). Publication 532. Ontario Department of Agriculture and Food, Parliament Building, Toronto, Canada.

i. Scott, M.L., and Dean, W.F., 1991. Nutrition and Management of Ducks (Nutrition et élevage des canards). M.L. Scott, Ithaca, NY 14853.

j. Larbier, M. et Leclercq B., 1992. Nutrition et alimentation des volailles. Editions INRA, rue de l'Université, PARIS (ouvrage écrit en français).

ELEMENTAIRE OU NON TECHNIQUE

a. French, Kenneth M., 1981. Practical Poultry Raising (Elevage pratique des volailles). Peace Corps Information and Exchange. Manuel n° 11. 1990 R. St. N.W. Washington, D.C. 20520. En vente chez National Public Information Service, Springfield, VA 22161. Excellent ouvrage sur le démarrage d'une entreprise avicole de petite taille. Descriptions du rôle des agents de développement en aviculture.

b. Florea, J.H. 1977. ABC of Poultry Raising: A Complete Guide for the Beginner or Expert (l'ABC de l'élevage avicole: un guide complet pour le débutant ou l'expert). 2ème édition. Dover Publications Inc., NY. 142 p.

c. Hy-Line™. Red Book: Management and disease control (Livre rouge: Elevage et contrôle des maladies). En vente auprès de Hy-Line Indian River Co., Box 65190, West Des Moines, IA 50263.

NUTRITION ET FORMULATION

a. Tables of Feed Compositions (Tables de compositions alimentaires), Publication 1684, National Academy of Sciences, National Research Council, Washington, D.C. 1964. Ces tables proposent des valeurs moyennes de composition de la plupart des matières premières utilisables en alimentation avicole dans diverses parties du monde.

b. Nutrient Requirements of Poultry. 8ème édition, 1984. National Research Council, Washington, D.C. 20418. Les carences alimentaires y sont très bien décrites.

c. Scott, M.L., Neisheim, M.C. and Young, R.J. Nutrition of the Chicken. 3ème édition de 1982, publiée par M.L. Scott et associés, Ithaca, NY. Un livre présentant la formulation de façon à couvrir les besoins alimentaires.

d. Halbrook, E.R., W.J. Mueller, W.W. Thomann, H. Engler, 1965. FAO Agricultural Development Paper n° 82. Poultry Feeding in Tropical and Subtropical Countries (L'alimentation des volailles en zone tropicale et subtropicale). Food and Agricultural Organization of the United Nations, Rome.

e. L'alimentation des animaux monogastriques: porcs, volailles, lapin. 2ème édition INRA, rue de l'Université, PARIS (ouvrage rédigé en français et contenant les compositions de très nombreuses matières premières).

PATHOLOGIE

a. Copeland, J.W. Newcastle Desease in Poultry. A new food pellet vaccine (La Maladie de Newcastle en aviculture. Un nouveau vaccin sous forme de granulés). Australian Centre for International Agricultural Research. Canberra, A.C.T. 2501. Une méthode facile d'administrer des vaccins à de petits troupeaux.

b. Hofstad, M.S., Calnek, B.W., Helmboldt, C.F., Reid, W.M., Yoder, H.W., Jr. 1984. Deseases of Poultry (les Maladies avicoles), 8ème édition, Iowa

State University Press, Ames, IA 50010 948 pp. Un excellent ouvrage de référence pour des étudiants confirmés.

c. Salsbury Manual of Poultry Diseases (Manuel de pathologie aviaire des Laboratoires Salsbury). 7ème édition Solvay Animal Health, Inc., Mendota Heights, MN 55120. Descriptions en couleurs de 52 maladies, présentées en Anglais, Français et Espagnol. Gratuit pour les clients.

d. Feed additive Compendium. A Guide to use of drugs in medicated animal feeds (Condensé des additifs alimentaires. Un guide pour l'usage des additifs dans les aliments médicamenteux). The Miller Publishing Company, 12400 Whitewater Drive, Minnetonka, MN 55343. Révisé chaque année avec les modifications approuvées par la FDA.

C. REMERCIEMENTS

Les auteurs tiennent à manifester toute leur reconnaissance aux nombreux collaborateurs qui les ont aidés en leur donnant des informations, des suggestions et des contributions. Une mention spéciale doit être faite de:

Dr. John P. Bishop, 11806b State Route 347, Maryville, OH 43040.

Dr. Ahmed Dardiri, USDA Plum Island Disease Center, Greenport, NY 11977.

Dr. David J. Farrell, The University of New England, Departement of Biochemistry, Microbiology and Nutrition, Armidale, N.W.S. 2351, Australia.

Dr. J. David French, Poultry Technical Consultant, Lilly Research Laboratory, 210 Collier Drive, Albertville, AL 35950.

Drs. Henry L. Fuller, Leo S. Jensen, Hardy M. Edwards, Jr., Department of Poultry Science, The University of Georgia, Athens, GA 30602.

Dr. D. Earl Goodman, Turbeville, SC 29162.

Dr. Maxcy P. Nolan, Jr., Department of Entomology, The University of Georgia, Athens, GA 30602.

Les autorisations ont été accordées pour la reproduction des illustrations par: 1) le Peace Corps Information Service pour celles tirées de Practical Poultry Raising (Elevage pratique des volailles); 2) Solvay Animal Health, Mendota Heights, MN, 55120, pour les diagrammes tirés de Salsbury Manual of Poultry Disease (Manuel Salsbury de Pathologie aviaire); 3) Will Graves 1985 Raising Poultry Successfully (Elevage réussi des volailles), Williamson Publishing, Charlotte, VT 05445; 4) Broiler Breeders Feeding and Management (Elevage des reproducteurs), Arbor Acres Farm, Inc. Glastonbury, CT 06033; 5) le Dr. Erik L. Johnson, The University of Georgia, College of Veterinary Medicine, Class of 1991, pour ses dessins originaux; and 6) Erin C. Pesti pour les Figures.

La traduction française a été assurée par le Dr. Bernard Leclercq, Recherches avicoles INRA, 37380 Nouzilly, France.

D. Auteurs

W. MALCOLM REID (1910-1990)
Professeur émérite de sciences avicoles (Parasitologie) à l'Université de Georgie, Athens, Georgia 30602. Il prit conscience du besoin d'un ouvrage de base en aviculture et rassembla d'autres personnes pour l'aider à réaliser ce livre. Il reconnut le premier l'intérêt de l'aviculture comme source de nourriture et d'engrais en vue de l'enrichissement des sols.

GENE M. PESTI
Professeur de sciences avicoles et de nutrition animale. Département de sciences avicoles à l'Université de Georgie, Athens, Georgia 30602. Téléphone: (706)542-1351. Fax: (706)542-1827. B.S.A, 1972, Université d'Etat de l'Ohio. M.S., 1976, Université d'Auburn. Ph.D., 1980 Université du Wisconsin-Madison.
Le Dr. Pesti enseigne l'élevage avicole, les aspects économiques et la nutrition aux étudiants en thèse et après la thèse. Ses activités de recherche ont conduit à plus de 100 publications relatives à la nutrition et l'élevage avicoles. Il a publié des bulletins et des logiciels pour les étudiants. En 1987 il a été visiting research fellow (chercheur visiteur) à l'Université de Nouvelle Angleterre, Armidale (Australie), et en 1993 visiting scientist (chercheur visiteur) à l'INRA de Nouzilly-Tours.

M.A. HAMMARLUND
Vétérinaire avicole consultant. Boite Postale 7698, Riverside, CA 92513. Téléphone: (909)687-2373. B.S., 1953, Université de l'Etat de Kansas. D.V.M., Université de Kansas. Le Dr. Hammarlund est vétérinaire praticien à Riverside en Californie avec une spécialisation en aviculture. Avant de résider en Californie, il a travaillé chez Ralston Purina à St. Louis, Missouri, en s'intéressant à la recherche en pathologie aviaire. Le Dr. Hammarlund a assuré une mission en Bolivie en 1989 avec la Christian Veterinary Mission (Mission vétérinaire Chrétienne).

PRAN VOHRA
Professeur émérite.
Département des sciences avicoles, Université de Californie, Davis, California, CA 95616. Téléphone: (916) 752-3533.
B.Sc.(Hons. Ecole de Chimie), 1940. Université du Penjab. M. SC., 1942, Université du Penjab. Ph.D., 1958. Université de Californie, Davis. Le Dr. Vohra a enseigné la nutrition aviaire, la nutrition comparée des espèces avicoles et les productions de bétail et avicoles dans les pays en développement. Il a travaillé dans de nombreux pays, et a été consultant du Conseil Américain des céréales (Feed Grains Council) et de l'ASA (American Soybean Association) en Chine.

B.M. HARGIS
Professeur, Département de sciences avicoles, Université d'Arkansas, Fayetteville, AR 72701. Téléphone: (501) 575-4390. Fac: (501) 575-4202. E-mail: *bhargis@comp.uark.edu.*
B.S., 1980, Université du Minnesota. M.S., 1983, Université de Georgie. D.V.M., 1986, Université du Minnesota. Ph.D., 1987, Université du Minnesota. De 1987 à 2000, le Dr. Hargis a été membre de la faculté de l'Université A&M du Texas, et actuellement Directeur du Laboratoire de Pathologie aviaire de l'Université d'Arkansas. Il enseigne la pathologie aviaire aux étudiants en thèse et après la thèse, et il conduit des recherches dans des domaines de pathologie et d'efficacité nutritionnelle. Le Dr. Hargis, diplômé du Collège Américain des Vétérinaires avicoles, poursuit un programme de recherche dans le domaine de la pathologie aviaire et de la sécurité alimentaire. Il a suivi directement ou indirectement 50 étudiants en thèse et a publié de nombreux ouvrages ou chapitres d'ouvrages sur la sécurité alimentaire, la pathologie aviaire et la physiologie aviaire. Le Dr. Hargis est Président sortant de la Southern Poultry Science Society (Société de sciences avicoles du Sud) et a été introduit en 1999 comme membre de l'Académie Médicale Vétérinaire Mexicaine. Son laboratoire est récompensé par plusieurs prix, dont le Prix des Laboratoires de Recherche Carrington (1993), le Certificat USDA du Mérite pour la Valeur Scientifique (1994), le Prix de recherche du Conseil National du Poulet de chair (1998), et le Prix d'Excellence scientifique du Vice chancelier de l'Université A&M du Texas (2000).

RANDLE W. MOORE
Professeur associé en médecine vétérinaire clinique.
Université A&M du Texas, College Station, TX 77483. Téléphone: (979) 845-5184.
B.S., 1989, Université A&M du Texas. M.S., 1993, Université A&M du Texas. D.V.M., 1996, Université A&M du Texas. Ph.D., 2000, Université A&M du Texas.
Le Dr. Moore, diplômé du collège Américain des Vétérinaires avicoles, enseigne la pathologie aviaire aux étudiants en thèse et aux vétérinaires de l'Université A&M du Texas, où il est professeur associé en médecine vétérinaire clinique. Son expérience antérieure en aviculture inclut le jugement des volailles et son intervention dans les programmes 4H et FFA pour les étudiants des High Schools. Il a été remarqué pour ses recherches et sa participation dans les congrès de la Poultry Science Association et la Southern Poultry Science Association lorsqu'il était étudiant. Ses pôles d'intérêt comportent la physiologie aviaire et la physiopathologie.

WILLIAM F. DEAN
Spécialiste et consultant du canard. Premier chercheur et Directeur du Laboratoire de Recherche sur le canard de l'Université de Cornell, Boite Postale 217, 192 Old Country Road, Eastport, JY 11941. Avant sa retraite le Dr. Dean a travaillé pendant 40 ans. Son premier travail avec le Dr. H.M. Scott a concerné les besoins en acides aminés du poussin et le développement d'un régime défini chimiquement qui assure une croissance normale du poussin à usage de la recherche. Par la suite il a passé 30 années dans le Laboratoire de recherche sur le canard à Long Island, travaillant sur l'élevage et la nutrition de cette espèce. Il est le co-auteur avec M.L. Scott du livre Nutrition and Management of Ducks (Nutrition et élevage du canard). Le Dr. Dean a été consultant de l'ASA (American Soybean Association) pour ce qui concerne le canard en Chine, et pour l'American Feed Grains Council à Taïwan.

Mission chrétienne vétérinaire (C.V.M., éditeur du livre)

Notre vision est...

...de voir l'amour du Christ exprimé à travers la médecine vétérinaire.

Notre mission est...

...d'encourager et fournir aux vétérinaires la capacité de servir à travers leur profession, mettant en pratique leur foi chrétienne.

La C.V.M. apporte également une formation et un encouragement pour ceux qui désirent servir à travers le service, la prière, la construction de relations et montrer l'exemple de l'amour du Christ.

A propos de la C.V.M.

La Mission chrétienne vétérinaire fait une association à but non lucratif selon la loi aux Etats-Unis, dont le siège social se trouve à Seattle, Washington.

La C.V.M. a été fondée en 1976 par le docteur Leroy DORMINY, qui s'est rendu compte de l'impact que pourraient avoir des vétérinaires en intégrant leur foi à leur travail, aussi bien localement que dans le monde. En 2008, la C.V.M. comptait presque 30 vétérinaires servant à temps plein dans le monde, ainsi que plus de 200 vétérinaires et étudiants bénévoles à court terme accomplissant des missions à l'étranger. La C.V.M. parraine des rencontres ou petits déjeuners de prière à plus de 20 réunions de vétérinaires chaque année aux Etats-Unis et, par le *Christian Veterinary Fellowship* (groupe chrétien vétérinaire), est en contact avec des élèves de chaque Ecole vétérinaire aux Etats-Unis, les encourageant spirituellement et professionnellement.

Plus de 3 500 vétérinaires sont affiliés à la C.V.M. aux Etats-Unis. La C.V.M. est partenaire d'organisations et réseaux d'autres pays qui cherchent à encourager les vétérinaires chrétiens. Le conseil de la C.V.M. est composé de vétérinaires, il guide sa vision, sa mission et son programme.

Les livres de la C.V.M., ainsi que la lettre de nouvelles gratuite «*International Animal Health News*», ont été écrits en tenant compte des besoins des fermiers de petites entreprises, des vétérinaires et des ouvriers du développement agricole. Notre désir est que ces publications aident des individus et des groupes à développer des programmes appropriés pour le bétail et à répondre aux besoins de leurs communautés. Le fonds de donation de la C.V.M. a été créé dès ses débuts. Ce fonds couvre les frais de programmes rationnels qui ne pourraient être mis en œuvre par leurs budgets habituels.

Made in the USA
Monee, IL
04 November 2026

67378975R00079